高等院校基础课系列教材·化学类

GAODENG YUANXIAO JICHUKE XILIE JIAOCAI·HUAXUE LEI

NEW 全新版

U0623537

简明物理化学实验

主　编　兰　海　袁小亚

副主编　李传强　牟元华

参　编　李映明　郭晓峰　邹　锐

　　　　郭春文　向　旭

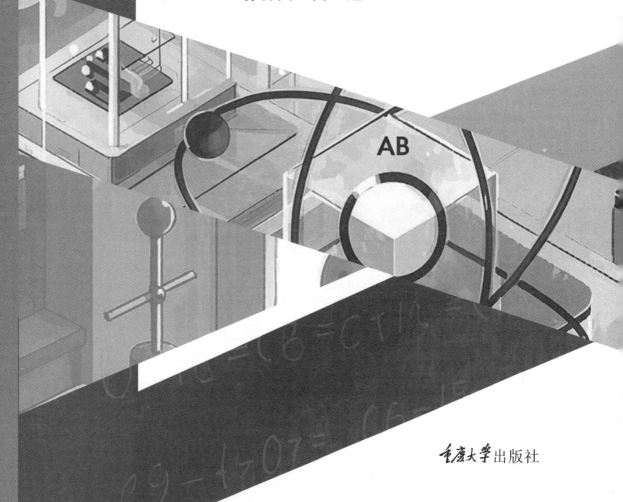

重庆大学出版社

图书在版编目(CIP)数据

简明物理化学实验 / 兰海，袁小亚主编. -- 重庆：
重庆大学出版社，2025.1. --（高等院校基础课系列教
材）. -- ISBN 978-7-5689-5145-6

Ⅰ. O64-33

中国国家版本馆 CIP 数据核字第 202514ZR21 号

简明物理化学实验

JIANMING WULI HUAXUE SHIYAN

主　编　兰　海　袁小亚

副主编　李传强　牟元华

参　编　李映明　郭晓峰　邹　锐

　　　　郭春文　向　旭

策划编辑：鲁　黎

责任编辑：杨育彪　　　版式设计：鲁　黎

责任校对：邹　忌　　　责任印制：张　策

*

重庆大学出版社出版发行

社址：重庆市沙坪坝区大学城西路 21 号

邮编：401331

电话：(023)88617190　88617185(中小学)

传真：(023)88617186　88617166

网址：http://www.cqup.com.cn

邮箱：fxk@cqup.com.cn(营销中心)

全国新华书店经销

重庆市国丰印务有限责任公司印刷

*

开本：787mm×1092mm　1/16　印张：12.25　字数：305 千

2025 年 1 月第 1 版　　2025 年 1 月第 1 次印刷

ISBN 978-7-5689-5145-6　定价：38.00 元

前 言

　　《简明物理化学实验》第一版为重庆交通大学理学院化学教研室时期整理编写。应用化学专业本科办学 10 余年间，科学技术的发展与实验教学实践中不断的研究创新，使得物理化学实验的教学内容和实验方法均发生较明显的变化。同时，为积极响应新时期党和国家对高等本科教育"立德树人"的要求，注重基础实验内容的创新学习，进一步强化专业基础实验动手技能及科学探究思维的训练，编者结合专业学习、实验教学、查阅资料，以及借鉴同专业同平台实验教学交流经验，在原版基础内容上进行了改编、调整和增加，并依据基础实验教学设备的更新适量引入了智能化、数字化的仪器设备，从而推出 2025 年新版《简明物理化学实验》以适应新时期的实验教学。

　　全书主要分为绪论、基本实验篇、参数测量与数据处理篇、附录等 4 个部分；其中 30 个基本实验较为全面地涵盖了物理化学的各分支方面的主要内容，保持与理论学习的密切联系又兼具相对的独立性。学生通过系统训练可对物理化学实验有较全面的了解和掌握，强化相关实验实践动手能力，可以实现从知识技能学习到进行初步科学探究或研究的转变，为今后专业课程的学习以及开展相关科学研究工作打下基础。

　　改编和调整的部分，注重了实验原理的叙述与理论课程的联系，实验介绍中突出实验设计思路的描述，便于学生了解实验原理与实验方法之间的内在联系；注重实验测量技术的更新，在经典的实验物理化学实验中引入现代化的测试仪器，例如"差热分析""离子迁移数的测定"等实验；针对传统实验方法更能直观地反映实验原理的某些实验，保留了传统测量原理与方法，又引入当前相对先进的测试仪器，且进行了较为详尽的对比介绍，例如"BET 容量法测定固体比表面积"等实验。

　　本书内容体系较为完整，可作为应用化学专业主要的物理化学实验教材，也可作为高等理工科院校环境工程、给排水、化学工程、建筑、材料类等专业学生的物理化学实验教材。

　　本书保留了第一版的《简明物理化学实验》教材的部分实验内容。编者在此对曾担任第一版教材编写和校对的马育教授、袁小亚教授，以及参与编排工作的汤琪、牟元华、王孝华、饶晓蓓等老师表示衷心的感谢。

　　参加本书编写和实验工作的有：李传强、邹锐、郭春文、牟元华、李映明、向旭、郭晓峰等老师，并由兰海统稿，最后由李传强教授审阅。另外，在本书编写过程中，得到教务处、材料学院和实验教学中心有关领导及教材科等相关同志的大力支持，在此一并表示感谢。

　　本书虽然几经修改校对，但由于编者水平有限，仍会存在错误与不足之处，热忱希望读者给予批评指正。

编　者

2024 年 10 月

目录

0 绪 论 ……………………………………………………………………… 1

基本实验篇

第1章　热化学实验 ………………………………………………… 11
　　实验1　无机盐溶解热的测定 ……………………………………… 13
　　实验2　燃烧热的测定 ……………………………………………… 17
　　实验3　温度滴定法测定弱酸的离解热 …………………………… 21
　　实验4　差热分析 …………………………………………………… 25

第2章　相平衡与化学平衡 ………………………………………… 29
　　实验1　不同外压下液体沸点的测定 ……………………………… 30
　　实验2　双液系的气-液平衡相图绘制 …………………………… 33
　　实验3　测定物质的摩尔质量 ……………………………………… 37
　　实验4　氨基甲酸铵分解平衡常数的测定 ………………………… 43
　　实验5　甲基红的酸解离平衡常数的测定 ………………………… 46
　　实验6　络合物组成和稳定常数的测定 …………………………… 49
　　实验7　化学平衡常数及分配系数的测定 ………………………… 52

第3章　化学动力学 ………………………………………………… 55
　　实验1　乙酸乙酯皂化反应的速率常数及活化能 ………………… 56
　　实验2　蔗糖水解反应速率常数的测定 …………………………… 59
　　实验3　丙酮碘化反应速率常数的测定 …………………………… 63
　　实验4　一氧化碳催化氧化反应动力学参数的测定 ……………… 67
　　实验5　甲酸液相氧化反应动力学方程式的建立 ………………… 70
　　实验6　可燃气-氧气-氮气三元系爆炸极限的测定 ……………… 73

第4章　界面化学 …………………………………………………… 76
　　实验1　溶液表面张力的测定 ……………………………………… 77

　　　实验 2　沉降法测定粒度分布 ················ 81
　　　实验 3　胶粒 ξ 电势的测定 ················ 86
　　　实验 4　液体在固体表面的接触角测定 ················ 89
　　　实验 5　BET 容量法测定固体比表面积 ················ 92
　　　实验 6　溶液黏度的测定 ················ 100

第 5 章　电化学 ················ 103
　　　实验 1　原电池电动势的测定 ················ 104
　　　实验 2　电导滴定 ················ 107
　　　实验 3　分解电压的测定 ················ 109
　　　实验 4　强电解质溶液无限稀释摩尔电导的测定 ······ 111
　　　实验 5　离子迁移数的测定 ················ 114
　　　实验 6　原电池反应电动势及其温度系数的测定 ······ 117
　　　实验 7　电动势法测定溶液 pH 值 ················ 119

参数测量与数据处理篇

第 6 章　物理参数的测量及其控制 ················ 121
　　6.1　温度的测量及其控制 ················ 121
　　6.2　压力的测量与控制 ················ 127
　　6.3　光性测量 ················ 131
　　6.4　电化学测量 ················ 135
　　6.5　仪器使用介绍 ················ 141

第 7 章　实验数据的测量和处理 ················ 145
　　7.1　国际单位制(SI)与我国的法定计量单位 ······ 145
　　7.2　数据记录、有效数字及其运算规则 ················ 146
　　7.3　测量误差 ················ 148
　　7.4　测定结果的数据处理 ················ 151
　　7.5　误差传递及其应用 ················ 153
　　7.6　实验数据的整理与表达 ················ 156

附录 ················ 162
　　附录 1　国际单位制和基本常数 ················ 162
　　附录 2　物理化学实验常用数据表 ················ 164
　　附录 3　物理化学数据资料和实验参考书简介 ········ 181

参考文献 ················ 187

0 绪 论

0.1 物理化学实验的目的和要求

0.1.1 物理化学实验的目的

"物理化学实验"是化学教学体系中一门独立的课程,它与"物理化学"课程的关系最为密切,但与后者又有明显的区别:"物理化学"注重物理化学理论知识的掌握;而"物理化学实验"则要求学生能够熟练运用物理化学原理解决实际化学问题。

物理化学实验的目的是使学生初步了解物理化学的研究方法,掌握物理化学的基本实验技术和技能;学习实验测定物质特性的基本方法,熟悉物理化学实验现象的观察与记录、实验条件的判断与选择、实验数据的测量与处理、实验结果的分析与归纳等一整套严谨的实验方法,从而加深对物理化学基本理论和概念的理解,更直接的是通过实验培养学生的实践能力与创新思维能力,为以后的化学理论研究和与化学相关的实践工作打下良好基础。

0.1.2 物理化学实验的要求

"物理化学实验"课程和其他实验课程一样,着重培养学生的动手能力。物理化学是整个化学学科的基本理论基础,而物理化学实验则将物理化学基本理论具体化、实践化,是对整个化学理论体系的实践检验。物理化学实验方法不仅对化学学科十分重要,而且在实际生活中也有着广泛的应用。因此,对于物理化学实验不应仅局限于化学的范围,而应该在理解原理的基础上举一反三,把所学的实验方法应用于实际,这样才能真正有所收获。本课程着重强调实验方法的重要性,一方面,方法的好坏对实验结果的正确与否有直接影响;另一方面,对于每个物理化学性质往往都可用几种不同的方法加以测定,要学会对不同方法加以分析比较,找出各自的优缺点,从而在实际应用中更得心应手。学生不应对书本上的东西过于迷信,应该抱着怀疑的态度,多动脑筋,在实验的过程中发现问题、解决问题。

为了做好实验,要求做好以下几点。

1. 实验前的预习

学生在实验前应认真仔细地阅读实验内容,预先了解实验的目的和原理,所用仪器的构造、使用方法以及实验操作过程。然后参考物理化学教材及有关资料,对实验方法进行全面了解,确定是否还有需要修改、完善的地方。在预习的基础上写实验预习报告,实验预习报告内容应包括实验目的、实验原理、实验仪器及试剂、实验操作步骤、实验注意事项、原始数据记录表及预习中产生的疑难问题等。实验预习报告应写在特定的实验记录本上,以便保存完整的实验数据记录,不得使用零散纸张记录。

2. 实验操作

在实验操作过程中,应严格遵守实验操作规程,随时注意实验现象,尤其是一些反常的现象也不应放过。不应简单地因为操作失误而放弃实验。记录实验数据必须完整、准确,不得随意更改实验数据,或只记录"好"的数据,舍弃"不好"的数据。实验数据应记录在预习报告本中的数据表格内,字迹清楚。

3. 实验报告

写实验报告是化学实验课程的基本训练,它能使学生在实验数据处理、作图、误差分析、逻辑思维等方面都得到训练和提高,为今后科学论文的撰写打下良好的基础。

物理化学实验报告一般应包括:实验目的、实验原理、实验仪器及试剂、实验操作步骤、实验数据处理、实验结果和讨论等。

实验目的应简单明了地说明实验方法及研究对象。

实验原理应在理解理论知识的基础上,用自己的语言表述出来,不得简单抄袭课本。

实验仪器装置应用简图表示,并注明各部分名称;详细列出实验过程中使用的所有试剂。

实验操作步骤应详细记录实验操作的过程,包括实验前的准备工作、具体操作步骤及实验过程中需要注意的事项。

实验数据处理中应写出计算公式,并注明公式所用的已知常数的数值,注意各数值所用单位,最好使用计算机来处理实验数据。

实验结果和讨论内容应包括对实验现象的分析和解释,对实验原理、实验操作、实验仪器设计和实验误差等问题的讨论,以及对实验过程经验教训的总结。

书写实验报告时,要求多动脑筋、认真研究、耐心计算、仔细写作。学生通过撰写实验报告,达到加深理解实验内容、提高写作能力和培养严谨的科学态度的目的。

0.2 物理化学实验室的规则及安全知识

0.2.1 实验室规则

(1)实验时应遵守操作规程,遵守一切安全措施,保证实验安全进行。

(2)遵守纪律,不迟到、不早退,保证室内安静,不大声谈笑,不随意乱走,不在实验室内嬉闹。

(3)使用水、电、煤气、药品试剂等时都应本着节约原则。

（4）未经教师许可不得乱动精密仪器，如发现仪器损坏，应立即报告指导教师并查明原因。

（5）随时保持室内整洁，注意卫生，纸张等废物只能丢入废物缸内，不能随地乱丢，更不能丢入水槽，以免堵塞。实验完毕后将玻璃仪器洗净，把实验桌打扫干净，把所有仪器、试剂和药品整理好。

（6）实验时要集中注意力、认真操作、仔细观察、积极思考，实验数据要及时记录在实验卡片上，不得涂改和伪造，如有记错，可在原数据上画一斜杠，再在旁边记下正确数据。

（7）实验结束后，由同学轮流值日，负责打扫、整理实验室，检查水、电、煤气、门窗是否关好，电闸是否拉掉，以保证实验室的安全。

实验室规则是人们长期从事化学实验工作的总结，是保证良好环境和工作秩序、防止意外事故发生、做好实验的重要前提，也是培养学生优良的科研素质、独立工作能力及创新能力的重要环节。

0.2.2 实验室安全

1. 安全用电常识

1）关于触电

人体通过 50 Hz 的交流电 1 mA 就有被电的感觉；1 mA 以上会使肌肉强烈收缩，25 mA 以上则呼吸困难，甚至呼吸停止；100 mA 以上则使心脏的心室产生纤维性颤动，以致无法救活。直流电在通过同样电流的情况下，对人体也有相似的危害。

防止触电需注意以下几点。

（1）操作电器时，手必须干燥，因为在潮湿状态下，电阻显著减小，容易引起触电。不得直接接触绝缘不好的通电设备。

（2）一切电源裸露部分都应有绝缘装置（电开关应有绝缘匣，电线接头裹以胶布、胶管），所有电器设备的金属外壳应接上地线。

（3）已损坏的接头或绝缘不良的电线应及时更换。

（4）修理或安装电器设备时，必须先切断电源。

（5）不能用试电笔去试高压电。

（6）如果遇到有人触电，应首先切断电源，然后进行抢救。因此，应该清楚了解电源总闸在什么地方。

2）负荷及短路

物理化学实验室总电闸一般允许最大电流为 50 A，超过最大电流时就会使保险丝熔断。使用功率很大的仪器时，应事先计算电流量；应严格按照规定的安培数连接保险丝，否则长期使用超过规定负荷的电流时，容易引起火灾或其他严重事故。

接保险丝时，应先拉开电闸，不能在带电时进行操作。为防止短路，应避免导线间的摩擦。尽可能不使电线、电器受到水淋或浸在导电的液体中。

若室内有大量的氢气、煤气等易燃、易爆气体时，应防止产生电火花，否则会引起火灾或爆炸。因此应注意室内通风，电线接头要接触良好；一旦着火，则应首先拉下电闸，切断电路，再用一般方法灭火；如无法拉下电闸，则用砂土、干粉灭火器或四氯化碳灭火器等灭火；绝对不能用水或泡沫灭火器来灭电气火灾。

3）使用电器仪表

（1）注意仪器设备所要求的电源是交流电，还是直流电、三相电或是单相电，电压的大小（380 V、220 V、110 V、6 V 等）、功率是否合适，以及正确区分正、负接头等。

（2）注意仪表的量程。待测量必须与仪器的量程相适应，待测量大小不清楚时，必须先从仪器的最大量程开始。

（3）线路安装完毕应检查无误。正式进行实验前，不论对安装是否有充分把握（包括仪器量程是否合适），总是先使线路接通一瞬间，根据仪表指针摆动速度及方向加以判断，当确定无误后，才能正式进行实验。

（4）不进行测量时，应断开线路或关闭电源，既省电又延长仪器寿命。

2. 使用化学药品的安全防护

1）防毒

化学药品一般具有不同程度的毒性。因此，要尽量杜绝和减少直接接触化学药品，以避免其中有毒成分通过皮肤、呼吸道和消化道进入人体。

（1）实验前应了解所用药品的性能（尤其是毒性）和防护措施。

（2）操作有毒气体（如 H_2S、Cl_2、Br_2、NO_2）及浓盐酸、氢氟酸等时，应在通风橱中进行。

（3）苯、四氯化碳、乙腈、硝基苯等的蒸气会引起中毒，经常吸入会使人嗅觉减弱，必须高度警惕。

（4）用移液管移取有毒、有腐蚀性液体时（如苯、洗液等），应严格遵守操作规程，严禁用嘴吸。

（5）部分试剂（如苯、有机溶剂、汞等）能经皮肤渗透入人体，因此须避免其直接与皮肤接触。

（6）高汞盐［$HgCl_2$、$Hg(NO_3)_2$ 等］、可溶性钡盐（$BaCO_3$、$BaCl_2$）、重金属盐（铜盐、铅盐）以及氰化物、三氧化二砷等剧毒物，应妥善保管。

（7）不得在实验室内喝水、抽烟、吃东西。饮食用具不得带到实验室内，以防毒物沾染，离开实验室时要洗净双手。

2）防爆

可燃性气体与空气的混合物，当两者的比例处于爆炸极限时，只要有一个适当的热源（如电火花）诱发，将引起爆炸。表 0.1 列出了某些气体与空气相混合的爆炸极限（20 ℃，101 325 Pa）。

表 0.1 与空气相混合的某些气体的爆炸极限（20 ℃，101 325 Pa）

气体	爆炸高限/V%	爆炸低限/V%	气体	爆炸高限/V%	爆炸低限/V%
氢	74.2	4.0	醋酸	—	4.1
乙烯	28.6	2.8	乙酸乙酯	11.4	2.2
乙炔	80.0	2.5	一氧化碳	74.2	12.5
苯	6.8	1.4	水煤气	72.0	7.0
乙醇	19.0	3.3	氨	27.0	15.5

续表

气体	爆炸高限 /V%	爆炸低限 /V%	气体	爆炸高限 /V%	爆炸低限 /V%
乙醚	36.5	1.9	煤气	32.0	5.3
丙酮	12.8	2.6			

应尽量防止可燃性气体散发到室内空气中,同时保持室内通风良好,避免易燃气体达到爆炸极限。在操作大量可燃性气体时,应严禁使用明火,严禁使用可能产生电火花的电器以及防止铁器撞击产生火花等。

另外,有些化学药品,如乙炔银、乙炔铜、高氯酸盐、过氧化物等,受到震动或受热时容易引起爆炸。特别应防止强氧化剂与强还原剂存放在一起。久藏的乙醚在使用前,需设法除去其中可能产生的过氧化物。在操作可能发生爆炸的实验时,应有防爆措施。

3) 防火

物质燃烧须具备3个条件:可燃物质、氧气或氧化剂以及一定的温度。

许多有机溶剂,如乙醚、丙酮、乙醇、苯、二硫化碳等很容易引起燃烧,室内不应有明火以及电火花、静电放电等,切不要倒入下水道,以免积聚引起火灾等。还有部分化学物质易发生自燃,如黄磷在空气中就能因氧化而自行升温燃烧。一些金属,如铁、锌、铝等的粉末由于比表面积很大,极易激烈氧化而自燃。金属钠、钾、电石及金属的氢化物、烷基化合物等也应注意存放和使用。

一旦发生火情,应冷静判断情况,积极采取措施,如隔绝氧的供应,降低燃烧物质的温度,将可燃物质与火焰隔离等。常用来灭火的有水、砂土、二氧化碳灭火器、四氯化碳灭火器、泡沫灭火器和干粉灭火器等,可根据着火原因、场所情况等选用。

水是最常用的灭火物质,可以降低燃烧物质的温度并且形成"水蒸气幕",能在相当长时间内阻止空气接近燃烧物质。但是,应注意以下起火地点的具体情况:

①有金属钠、钾、镁、铝粉、电石、过氧化钠等,应采用砂土等灭火。

②对于易燃液体(如汽油、苯、丙酮等),采用泡沫灭火剂更有效。因为泡沫比易燃液体轻,覆盖在液体表面可隔绝空气。

③在有灼烧的金属或熔融物的地方着火,应采用砂土或固体粉末灭火器(一般是在碳酸氢钠中加入相当于碳酸氢钠质量的45% ~90%的细砂、硅藻土或滑石粉,也有其他配方)来灭火。

④电气设备或带电系统着火,用二氧化碳灭火器或四氯化碳灭火器较合适。

上述四种情况均不能用水灭火,因为有的物质与水作用可生成氢气等,使火势加大甚至引起爆炸,有时还会发生触电等危险;同时也不能用四氯化碳灭火器灭碱土金属的着火。另外,四氯化碳有毒,在室内救火时最好不用。灭火时不能慌乱,应防止在灭火过程中再打碎可燃物的容器。平时应知道各种灭火器材的使用和存放地点。

4) 防灼伤

强酸、强碱、强氧化剂、溴、磷、钠、钾、苯酚、冰醋酸等都会腐蚀皮肤,尤其应防止其溅入眼内。液氮、干冰等物质,低温也会严重灼伤皮肤,一旦受伤,要及时就医治疗。

5)防水

实验过程中若发生因故停水而水龙头没有关闭的现象,当来水后实验室无人,又遇排水不畅,则易发生事故。水淋湿、浸泡仪器设备会导致其发生故障;有些试剂如钠、钾、金属氢化物、电石等遇水还会发生燃烧、爆炸等危险。因此,离开实验室前,务必检查水、电、煤气是否关好。

3. 汞的安全使用和汞的纯化

常温下汞会逸出蒸气,吸入体内会使人受到严重毒害。一般汞中毒可分急性中毒和慢性中毒两种,急性中毒多由摄入高汞盐导致(如吞入 $HgCl_2$),高汞盐的致死量仅为 $0.1 \sim 0.3$ g;慢性中毒多由汞蒸气引起,其症状为食欲不振、恶心、大便秘结、贫血、骨骼和关节疼痛、神经系统衰弱等。以上症状主要是由汞离子与蛋白质作用生成不溶物,伤害生理机能。

汞蒸气的最大安全浓度为 0.1 mg/m³。而20 ℃时汞的饱和蒸气压为 0.2 Pa,比安全浓度大 100 多倍。若在一个不通气的房间内,而又有汞直接暴露于空气中时,就有可能使空气中汞蒸气超过安全浓度。所以必须严格遵守下列安全用汞的操作规定。

1)安全用汞的操作规定

(1)汞不能直接暴露于空气之中,在装有汞的容器中,应在汞面上加水或用其他液体覆盖。

(2)一切倒汞操作,不论量多少一律在浅瓷盘上进行(盘中装水)。在倾倒汞上的水时,应先在瓷盘上把水倒入烧杯,而后再把水由烧杯倒入水槽。

(3)装有汞的仪器下面一律放置浅瓷盘,使得在操作过程中偶然洒出的汞滴不至散落桌面或地面。

(4)实验操作前应检查仪器安放处或仪器连接处是否牢固,橡皮管或塑料管的连接处一律用铜线缚牢,以免在实验时脱落使汞流出。

(5)倾倒汞时一定要缓慢。不要用超过 250 mL 的大烧杯盛汞,以免倾倒时溅出。

(6)储存汞的容器必须是结实的厚壁玻璃器皿或瓷器,以免由于汞本身的重量而使容器破裂。如用烧杯盛汞则不得超过 30 mL。

(7)若有汞掉在地上、桌上或水槽等地方,应尽可能地用吸汞管将汞珠收集起来,再用能形成汞齐的金属片(如 Zn、Cu)在汞溅落处多次扫过;最后用硫黄粉覆盖在有汞溅落的地方,并摩擦之,使汞变为 HgS,也可用 $KMnO_4$ 使汞氧化。

(8)擦过汞的滤纸或布块必须放在有水的瓷缸内。

(9)装有汞的仪器应避免受热,保存汞处应远离热源。严禁将有汞的器具放入烘箱。

(10)用汞的实验室应有良好的通风设备(特别要有通风口在地面附近的下排风口),并最好与其他实验室分开,经常通风排气。

(11)手上有伤口,切勿触及汞。

2)汞的纯化

汞中的杂质有两类:一类是外部玷污,如附有盐类或某些悬浮脏物,可多次水洗或用滤纸刺一小孔过滤分开;另一类是汞和其他金属形成合金,如极谱实验中,金属离子在滴汞阴极上还原成金属,并与汞生成合金,这类杂质可用硝酸溶液氧化除去,其装置如图 0.1 所示。将汞装入带有毛细管的漏斗中,汞即通过毛细管分散成细小的汞滴慢慢地洒落在 10% 的 HNO_3 溶液中,由上而下充分和溶液接触,将容易氧化的金属(如 Zn、Na)氧化成离子溶于溶液中,而较纯的汞则汇聚在底部。一次不够,可反复几次。如汞中溶有贵金属(如 Cu、Pb 等)不能用 HNO_3 溶液洗去时,可利用商品汞蒸馏器,通过蒸馏提纯。蒸馏应在严密的通风橱中进行,严格防止汞蒸气外溢。

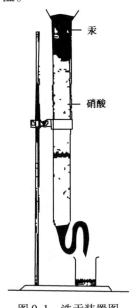

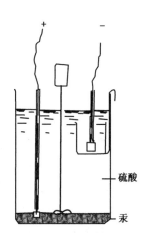

图 0.1　洗汞装置图　　图 0.2　汞的电解纯化装置

汞在稀硫酸溶液中阳极电解也可有效地除去贱金属,其装置如图 0.2 所示。电解时贱金属溶解到硫酸溶液中。当贱金属快溶解完时,汞发生溶解,则溶液出现混浊,此时降低电流继续电解片刻。此法对除去汞中含有大量贱金属时特别有效。

4. X 射线的防护

X 射线被人体组织吸收后,对健康是有害的。一般晶体 X 射线衍射分析用的是软 X 射线(波长较长、穿透能力较低),比医院透视用的硬 X 射线(波长较短、穿透能力较强)对人体组织伤害更大,轻者造成局部组织灼伤。如果长时期接触,重者可造成白细胞下降,毛发脱落,发生严重的射线病。但若采取适当的防护措施,上述危害是可以避免的。

最基本的一条是防止身体各部(特别是头部)受到 X 射线照射,尤其是受到 X 射线的直接照射,因此要注意 X 射线窗口附近用铅皮(厚度在 1 mm 以上)遮挡,使 X 射线尽量限制在一个局部小范围内,不让它散射到整个房间。在进行操作(尤其是对光)时,应戴上防护用具(特别是铅玻璃眼镜)。操作人员站的位置应避免直接照射。操作完后用铅屏把人与 X 射线机隔开;暂时不工作时,应关好窗口。非必要时,人员应尽量离开 X 射线实验室。室内应保持良好通风,以减少因高电压和 X 射线电离作用产生的有害气体对人体的影响。

5. 气体钢瓶使用注意事项

气体钢瓶(以下简称气瓶)是无缝碳素钢或合金钢制成,适用于装介质压力在 15.0 MPa(150 atm)以下的气体。标准气瓶类型见表 0.2。

表 0.2　标准气瓶类型

气体类型	装(盛)气	工作压力/MPa	实验压力/MPa	
			水压实验	气压实验
甲	O_2、H_2、N_2、CH_4、压缩空气和惰性气体	15.0	22.5	15.0
乙	纯净水煤气及 CO_2 等	12.5	19.0	12.5
丙	NH_3、氯、光气和异丁烯等	3.0	6.0	3.0
丁	SO_2 等	0.6	1.2	0.6

使用气瓶的主要危险是气瓶可能爆炸和漏气(可燃性气瓶更危险。应尽可能避免氧气瓶和其他可燃性气瓶放在同一房间内使用,否则,也易引起爆炸)。已充气的气瓶爆炸的主要原因是气瓶受热使内部气体膨胀,以至压力超过气瓶的最大负荷而爆炸,或者瓶颈螺纹损坏,当内部压力升高时,冲脱瓶颈。在这种情况下,气瓶按火箭作用原理向放出气体的相反方向高速飞行。因此,均可造成很大的破坏和伤亡。另外,如果气瓶金属材料质量不佳或受到腐蚀时,一旦在气瓶坠落或撞击坚硬物时,就会发生爆炸。气瓶在使用时需特别注意以下几点。

(1)搬运气瓶前要把瓶帽旋上,动作要轻稳。放置使用时必须固定好。

(2)气瓶应存放在阴凉、干燥、远离热源(如阳光、暖气、炉火等)的地方。

(3)使用气瓶时要用气表(CO_2、NH_3 可例外)。一般可燃性气体的钢瓶气门螺纹是反扣的(如 H_2、C_2H_2),不燃性或助燃性气体的钢瓶是正扣(如 N_2、O_2)的。各种气压表一般不得混用。

(4)绝不可使油或其他易燃性有机物沾染在气瓶上(特别是出口和气压表);也不可用布、棉等物堵漏,以防燃烧引起事故。

(5)开启气门时应站在气压表的另一侧,不许把头或身体对准气瓶总阀门,以防阀门或气压表冲出伤人。

(6)不可把气瓶内气体用尽,以防重新装气时发生危险。

(7)使用时,注意各气瓶的标记(表 0.3),避免混淆。

表 0.3　我国气瓶常用标记

气体类别	瓶身颜色	标字颜色	气体类别	瓶身颜色	标字颜色
N_2	黑	黄	CO_2	黑	黄
O_2	天蓝	黑	Cl_2	黄绿	黄
H_2	深绿	红	其他一切可燃气体	红	白
空气	黑	白	其他一切不可燃气体	黑	黄
NH_3	黄	黑			

(8)使用期间的气瓶,每隔三年至少要进行一次检验。装有腐蚀性气体的气瓶,每两年至少要检验一次。不合格的气瓶应报废或降级使用。

(9)氢气瓶最好放在远离实验室的小屋内,用导管引入(千万要防止漏气),并应加防止回火的装置。

6. 氧气使用操作规程

由电解水或液化空气能得到纯氧气,压缩后,贮于小钢瓶备用。从气体厂刚充满氧的钢瓶压力可达 15.0 MPa(150 atm),使用氧气需用氧气压力表,氧气压力表的构造如图 0.3 所示。

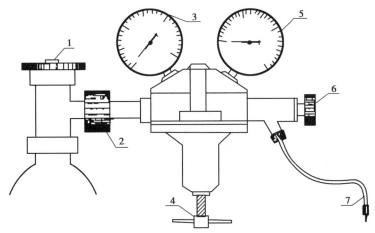

图 0.3 氧气压力表

1—总阀门;2—氧气表和钢瓶连接螺旋;3—总压力表;
4—调压阀门;5—分压力表;6—供气阀门;7—接氧弹进气口螺旋

1)氧弹充氧程序(在燃烧热实验中)

(1)将氧气瓶摆稳固定(卧倒或直立,实验室中一般是直立缚牢),取下瓶上钢帽,将氧气表与氧气瓶接上。

(2)将氧弹盖旋紧,关紧出气阀,将进气阀上盖除去,将紫铜管接上。

(3)将供气阀门关上,将总阀门打开,总压力表指示氧气瓶内总气压,旋紧调压阀门(向上顶)直至分压力表指示实验所需压力(2.0 MPa,约为 20 atm)。

(4)打开供气阀门,氧气就灌入氧弹内(有些表没有供气阀门,可直接灌入),分压力表稍降又复回升,至分压力表指针稳定为止(约 1 min),这时氧气就已充好。

(5)关紧调压阀门再关总阀门,松开紫钢管与氧弹接头,松开供气阀门放去余气,松开调压阀门,恢复原状。

(6)氧弹充气后,需检查不漏气,才能点火燃烧。

2)安全用氧气规则

(1)搬运氧气瓶时,防止剧烈振动,严禁连氧气压力表一起装车运输。

(2)严禁与氢气同在一个实验室内使用。

(3)尽可能远离热源。

(4)在使用时特别注意手上、工具上、氧气瓶上不能沾有油脂。扳手上的油可用酒精洗去,待干后再使用,以防燃烧和爆炸。

(5)氧气瓶应与氧气压力表一起使用。氧气压力表需仔细保护,不能随便用在其他氧气瓶上。

（6）打开阀门及调压时，人不要站在氧气瓶出气口处，头不要在瓶头之上，而应在瓶的侧面，以确保人身安全。

（7）打开氧气瓶总阀门之前，必须首先检查氧气压力表调压阀门是否处于关闭（手把松开是关闭）状态。不要在调压阀门处于开放（手把顶紧是开放）状态时，突然打开氧气瓶总阀，否则会发生事故。

（8）若漏气，应将螺旋旋紧或换皮垫。

（9）氧气瓶内压力在 1.0 MPa（10 atm）以下时不能再使用，应及时灌气。

基本实验篇

第 1 章
热化学实验

热化学是研究物理和化学过程热效应及其规律的学科,是化学热力学的一个重要分支。测量这些热效应的实验又称为量热实验。

纯物质热力学数据的测定是量热实验的重要应用之一。用量热法测定在 298.15 K 和标准压力下各种化学反应的热效应,就可得到对应条件下物质的生成焓;通过测量等容、等压过程的热效应,可获得物质内能和焓的变化值,诸如物质的热容、相变热、燃烧热、溶解热、混合热等数据。

由于化学反应涉及系统能量的变化,因此,量热方法就成为一种比较通用的分析方法。在化工过程的开发、设计和化学反应动力学研究中都具有较强的实用性,如利用热化学数据计算反应吉布斯函数的变化、平衡常数以及过程的能量衡算等。在现代科学研究中,量热实验除对化学、物理学有重要意义外,对农业、生物学、药物化学、材料科学、能源科学以及其他工程学都有重要意义。

  量热实验以热力学第一定律为基础,过程的热效应由量热计测定。所有的量热计都有一个本体部分,包括搅拌器、加热器(或制冷器)以及温度测量装置等。根据本体部分与环境之间的热交换程度不同,可把量热计大致分为绝热式量热计、等温量热计、热导式量热计三类。量热计按照操作类型又可分为等温量热计、环境等温量热计、扫描式量热计等。无论哪一种量热计,测量的基本内容都是度量过程产生的热效应,均是一种以热为能量转换形式的能量测量。现实中,没有理想的绝热和等温量热计,实际过程中必须进行"热漏"校正。

  在基础化学实验中常用环境等温量热计。量热计的外壳在整个测试期间始终保持恒温,如采用恒温槽、空气恒温等。量热计本体部分与外壳间有良好的绝热层(当环境温度比较稳定时,测温时间较短,一般的保温瓶基本能满足要求)。由于此类量热计具有结构简单、计算方便等优点,因此应用比较广泛,特别适用于反应速度快、热效应比较大的反应。

  本章所介绍的前3个热化学实验均采用环境等温量热计,分别测量无机盐溶解、有机化合物燃烧、弱酸离解过程系统温度的变化。针对这3个不同的过程,在实验中又分别采用电加热法与标准物法两种不同标定方法标定系统热容,并且应用计算机动态跟踪和数字显示两种不同方式采集、记录实验数据。

  虽然这些实验不能反映热化学实验的各个方面,但是通过本章实验,可以使我们了解量热实验的基本原理与测量方法,初步掌握对量热计的热交换、搅拌热等进行校正的方法,明确热化学实验数据在化学热力学计算中的作用。

实验 1 无机盐溶解热的测定

一、实验目的

(1)用量热计测定 KCl 的积分溶解热。

(2)掌握量热实验中温差校正方法以及与计算机联用测量溶解过程动态曲线的方法。

二、实验原理

盐类的溶解过程通常包含两个同时进行的过程:晶格的破坏和离子的溶剂化,前者为吸热过程,后者为放热过程,溶解热是这两种热效应的总和。因此,盐类的溶解过程最终是吸热或放热,是由这两个热效应的相对大小决定的。

常用的积分溶解热是指在等温等压下,将 1 mol 溶质溶解于一定量溶剂中形成一定浓度溶液的热效应。

溶解热的测定可以在具有良好绝热层的量热计中进行。在恒压条件下,由于量热计为绝热系统,溶解过程所吸收的热或放出的热全部由系统温度的变化反映出来。为求 KCl 溶解过程的热效应,进而求得积分溶解热(即焓变 ΔH),可以根据盖斯定律将实际溶解过程设计成两步进行,如图 1.1 所示。

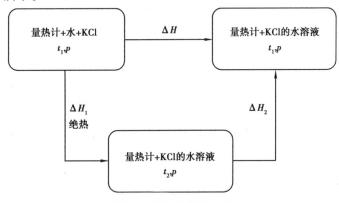

图 1.1 KCl 的溶解过程

由图 1.1 可知,恒压下焓变 ΔH 为两个过程焓变 ΔH_1 和 ΔH_2 之和,即

$$\Delta H = \Delta H_1 + \Delta H_2 \tag{1.1}$$

因为量热计为绝热系统,有

$$Q_P = \Delta H_1$$

所以,在 T_1 温度下溶解的恒压热效应为

$$\Delta H = \Delta H_2 = K(T_1 - T_2) = -K(T_2 - T_1) \tag{1.2}$$

式(1.2)中,K 是量热计与 KCl 水溶液所组成的系统的总热容量;(T_2-T_1) 为 KCl 溶解前后系统温度的变化值 $\Delta T_{溶解}$。

设将质量为 m 的 KCl 溶解于一定体积的水中,KCl 的摩尔质量为 M,则在此浓度下 KCl

的积分溶解热为

$$\Delta_{sol}H_m = \frac{\Delta H \cdot M}{m} = -\frac{KM}{m}\Delta T_{溶解} \tag{1.3}$$

K 值可由电热法求取,即在同一实验中用电加热提供一定的热量 Q,测得温升为 $\Delta T_{加热}$,则 $K \cdot \Delta T_{加热} = Q$。若加热电压为 U,通过电热丝的电流强度为 I,通电时间为 t,则

$$K\Delta T_{加热} = IUt \tag{1.4}$$

所以

$$K = \frac{IUt}{\Delta T_{加热}} \tag{1.5}$$

由于实验中搅拌操作提供了一定热量,而且系统也并不是严格绝热的,因此在盐溶解的过程或电加热过程中都会引入微小的额外温差。为了消除这些影响,真实的 $\Delta T_{溶解}$ 与 $T_{加热}$ 应用如图 1.2 所示的外推法求取。

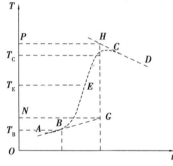

图 1.2　求 $\Delta T_{加热}$ 的外推法作图

图 1.2 表示电加热过程的温度-时间(T-t)曲线。AB 线和 CD 线的斜率分别表示在电加热前后因搅拌和散热等热交换引起的温度变化速率。T_B 和 T_C 分别为通电开始时的温度和通电后的直线段的最初温度。真实的 $\Delta T_{加热}$ 必须在 T_B 和 T_C 间进行校正,去掉由于搅拌和散热等引起的温度变化值。为简便起见,设加热集中在加热前后的平均温度 T_E(即 T_B 和 T_C 的中点)下瞬间完成,在 T_E 前后由搅拌或散热引起的温度变化率即为 AB 线和 CD 线的斜率,所以将 AB、CD 直线分别外推到与 T_E 对应时间的垂直线上,得到 G、H 两交点。显然 GN 与 PH 所对应的温度差即为 T_E 前后因搅拌和散热所引起温度变化的校正值。真实的 $\Delta T_{加热}$ 应为 H 与 G 两点所对应的温度 T_H 与 T_G 之差。

本实验用半导体温度计测温,并将温度测量信号直接输入信号处理器与计算机组成的在线检测系统,所有的测量均可由计算机完成,并能在屏幕上显示溶解过程的温度-时间(T-t)动态曲线。计算机在线检测控制原理示意图如图 1.3 所示。

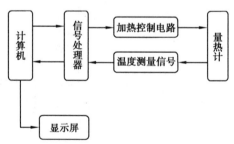

图 1.3　计算机在线监测控制原理示意图

三、实验试剂与仪器

(1)实验试剂:干燥过的分析纯 KCl 等。

(2)实验仪器:量热计、磁力搅拌器、直流稳压电源、半导体温度计、信号处理器、计算机、天平等。

溶解热测定实验装置如图 1.4 所示。

四、实验步骤

(1)用量筒量取 225 mL 去离子水,倒入量热计中并测量水温。

(2)在干燥的试管中称取 4.5~4.8 g 干燥过的 KCl(精确到±0.01 g)。

（3）先打开信号处理器、直流稳压电源，再打开计算机，自动进入实验测试软件，在"项目管理"中单击"打开项目"，选择"溶解热测定"，再单击"打开项目"。

（4）单击"测量"，设定采样总时间为30 min；选择"编辑时间表"，在"输出量"一栏中选择"加热控制"；在"时间表的名称"一栏中任意输入一名称；相对开始时间设定为600 s，输出参数设定为"开"，单击"加入"；再输入900 s相对开始时间，输出参数设定为"关"，单击"加入"。选择"自动运行"后退出。

（5）在"同时测量参数"中，左侧"温度""电压""电流"3项皆选中；右侧只选中温度的动态曲线显示，然后选择"自动存盘"。

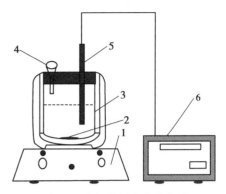

图1.4 溶解热测定实验装置
1—磁力搅拌器；2—搅拌磁子；
3—杜瓦瓶；4—漏斗；5—传感器；
6—SWC-IC数字贝克曼温度计

（6）启动磁力搅拌器并调节转速至中等速度，然后单击"开始采样"并切换到"动态曲线"。

（7）单击鼠标右键，选择"设置绘图范围"，将各项参数调整至最佳观察状态。

（8）待采样时间将至300 s时，切换到"周期采样"观察时间表，300 s时将KCl快速从加盐口倒入，塞好瓶口，再切换到"动态曲线"继续观察。600 s时自动进入加热状态，此时电流表与计算机显示窗口均有加热电流值显示。900 s后自动停止加热。

（9）30 min后，实验自动结束。注：若采样前未单击"自动存盘"，此时在"周期采样"中单击"保存数据"（自己设文件名）。

（10）切换到"数据处理"，单击"读入数据"，打开刚才保存的文件，切换到"数据表格"。每一分钟记录一个数据点。

五、实验数据处理

（1）作盐溶解过程和电加热过程温度-时间（$T-t$）图，用外推法求得真实的$\Delta T_{溶解}$与$\Delta T_{加热}$。

（2）按式（1.5）计算系统总热容量K。

（3）按式（1.3）计算KCl的积分溶解热$\Delta_{sol}H_m$。

六、思考题

（1）溶解热与哪些因素有关？本实验求得的KCl溶解热所对应的温度如何确定？是否为溶解前后系统温度的平均值？

（2）如测定溶液浓度为0.5 mol KCl/100 mol H_2O的积分溶解热，请问水和KCl应各取多少？（保温杯的有效容积为225 mL）

（3）为什么要用作图法求得$\Delta T_{溶解}$与$\Delta T_{加热}$？如何求得？

（4）本实验如何测定系统的总热容量K？若用先加热后加盐的方法是否可以？为什么？

（5）在标定系统热容过程中，如果加热电压过大或加热时间过长，是否会影响实验结果的准确性？为什么？

七、进一步讨论

(1)系统的总热容量 K 除用电加热方法标定外,还可以采用化学标定法,即在量热计中进行一个已知热效应的化学反应,如强酸与强碱的中和反应,可按已知的中和热与测得的温升求得 K。同样也可用已知积分溶解热的某物质作为标准,测量其溶解前后的温差求得 K。

(2)利用本实验装置尚可测定溶液的比热容。

基本公式

$$Q = (mc + K') \Delta T_{\text{加热}} \tag{1.6}$$

式(1.6)中,Q 为电加热输入的热量;m、c 分别为待测溶液的质量与比热容;K' 为除溶液之外的量热计的热容量。K' 可通过已知比热容的参比液体(如去离子水)代替待测溶液进行实验,按此基本公式求得。

本实验装置还可用来测定弱酸的电离热或其他液相反应的热效应,也可进行反应动力学研究。

实验 2　燃烧热的测定

一、实验目的

(1)测定萘的燃烧热,了解恒容燃烧热和恒压燃烧热的区别和联系。

(2)了解氧弹式量热计中主要部件的作用,掌握量热实验技术。

(3)学会应用图解法校正温度改变值。

二、实验原理

燃烧热:1 mol 物质完全燃烧时所放出的热量,有时也用单位质量物质完全燃烧时所放出的热量表示。恒容条件下测得的燃烧热称为恒容燃烧热(Q_V),$Q_V = \Delta U$。恒压条件下测得的燃烧热称为恒压燃烧热(Q_P),$Q_P = \Delta H$。若把参加反应的气体和生成的气体作为理想气体处理,则存在如下关系式:$Q_P = Q_V + \Delta nRT$。

在本实验中,物质在氧弹中燃烧,燃烧前后体积没变,因而测得的是恒容燃烧热 Q_V,而通常我们未指明具体是恒压还是恒容时均指的是恒压燃烧热 Q_P。

当物质在氧弹中燃烧结束并达到热平衡后,容器中的水和氧弹自身的吸热等于氧弹中物质燃烧所放出的热,即

$$C \cdot \Delta T = m_1 Q_1 + m_2 Q_2 \tag{1.7}$$

式中　　C——体系的总热容,J/℃;

ΔT——热交换前后的温度差,℃;

m_1——燃烧物完全燃烧的质量,g;

m_2——燃烧消耗的点火丝的质量,g;

Q_1——燃烧物的恒容燃烧热,J/g;

Q_2——点火丝的燃烧热,J/g。

由式(1.7),可先用已知燃烧热值的苯甲酸,求出量热体系的总热容量 C 后,再用相同方法对其他物质进行测定,测出温升 $\Delta T = T_2 - T_1$,代入式(1.7),即可求得其燃烧热。

本实验所用主要仪器为绝热式量热计,其构造简图如图 1.5 所示,其核心部件为氧弹,氧弹的基本构造简图如图 1.6 所示。

严格地讲,量热计不可能是绝对绝热的,在燃烧后升温阶段,系统和环境间难免会发生热交换,而且搅拌机还会发热,搅拌机的叶片与水的摩擦也会有少量热生成,即温度计所读温差并非真实温差,因此必须进行校正,常用的校正法为雷诺法。

雷诺法校正温差的具体方法为:将燃烧前后观察所得的一系列水温和时间关系作图,得到相应曲线,如图 1.7 和图 1.8 所示。

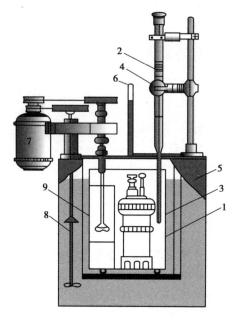

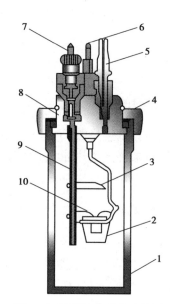

图 1.5　绝热式量热计的构造简图

1—氧弹;2—贝克曼温度计;3—内筒;

4—放大镜;5—恒温水夹套;6—水夹套

温度计;7—搅拌电机;8—水夹套搅拌器;

9—内筒搅拌器

图 1.6　氧弹的基本构造简图

1—弹体;2—金属坩埚;3—火焰

挡板;4—弹盖;5—排气孔;

6、7—点火电极;8—透气孔;

9—接线柱;10—点火丝

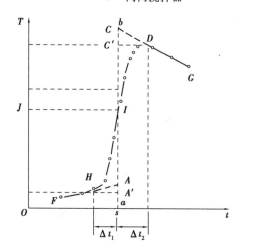

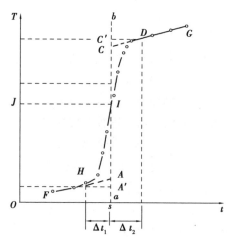

图 1.7　绝热较差时的雷诺图

图 1.8　绝热良好时的雷诺图

在图 1.7 中,H 点意味着燃烧开始,热传入介质;D 点为观察到的最高温度值;从相当于室温的 J 点作水平线交曲线于 I,过 I 点作垂线 ab,再将 FH 线和 GD 线延长并分别交 ab 线于 A、C 两点,其间的温度差值即为经过校正的 ΔT。图 1.7 中 AA' 为从开始燃烧到温度上升至室温这一段时间 Δt_1 内,由环境辐射和搅拌引进的能量所造成的升温,故应予扣除。CC' 为由室温升到最高点 D 这一段时间 Δt_2 内,量热计向环境的热漏造成的温度降低,计算时必须考虑在内(计入)。故可认为,A、C 两点的差值较客观地表示了样品燃烧引起的升温数值。

在某些情况下,量热计的绝热性能良好,热漏很小,而搅拌器功率较大,不断引进的能量使得曲线不出现极高温度点,如图1.8所示,校正方法相似(双扣除)。

作标准物质苯甲酸和待测物燃烧的雷诺温度校正后,由ΔT计算体系的热容量C和待测物的恒容燃烧热Q_V,并进而计算出待测物的恒压燃烧热Q_P。

三、实验试剂与仪器

(1)实验试剂:苯甲酸(分析纯)、萘(分析纯)、点火丝等。

(2)实验仪器:氧弹量热计1套、容量瓶(1 000 mL)1个、氧气瓶1个、坩埚1个、氧气减压阀1个、压片机1台、药勺1把、镊子1把等。

四、实验步骤

1)量热计热容的测定

(1)压片。

从压片机中抽出上模和中模,将中模(平面)一面朝上,再将上模放在中模上,用药勺取0.7~1.0 g苯甲酸,加入上模中。将手柄下的小锤插入上模中,加压,压紧后,抽出小锤,将下模移开,中模会自动掉出,再次插入小锤于上模加压,药片被压出。注意压片前后应将压片机擦干净。

(2)称量。

分别将压好的药片和剪好的点火丝用分析天平精确称量并记录。

(3)接点火丝。

将称好的点火丝弯成U字形,再将其两端固定在氧弹上盖下端的两个电极上,点火丝切勿接触坩埚,以防短路,U字形底部一定要与药片充分接触。然后将氧弹上盖放在下座上拧紧。

(4)充氧。

接上氧气导管,用扳手拧紧。旋转氧气瓶减压阀手柄,使氧气表的分压显示表为2 MPa,充气时间为10 s,然后按相反方向旋转减压阀手柄关闭氧气,拧开氧气导管的螺栓。

(5)装氧弹。

打开氧弹量热计上盖,把盛水桶安装在固定位置。转动搅拌器并注意观察不要刮壁,将氧弹放入水桶中,再将量好的3 000 mL水放入水桶中,插上电极,盖好外盖,放好温度传感器。

(6)点火及温度测量。

打开电源开关,按下"搅拌"按钮,然后每半分钟记录一次温度值(次数显示为01时开始记录),直到显示次数为10时立即按下"点火"按钮。仔细观察温度上升情况,如点火2~3 min后仍没有出现明显的温度上升情况,则说明点火失败,需重复前述实验步骤。若升温正常(点火2~3 min后出现了明显的温度上升情况),则让仪器再连续自动记录25~30次温度值(需13~15 min)后按"结束"按钮,最后再按下"数据"按钮回放第11次(对应点火后01次)之后的各个对应温度值,并记录到实验表格中。

(7)称量残余点火丝质量。

停止搅拌,取下温度传感器,打开量热计外盖,取出氧弹,拔出点火电极连接线,用泄压帽泄压,打开氧弹,用镊子取出未燃烧完的点火丝,准确称量其质量并记录到实验表格中。

2)测定萘的燃烧热

粗称约 0.6 g 萘,重复上述操作。

3)清洗仪器并整理实验台

五、注意事项

(1)试样在氧弹中燃烧产生的压力可达 100 多个大气压。因此在使用后应将氧弹内部擦干净,以免引起弹壁腐蚀,减小其强度。

(2)氧弹、量热容器、搅拌器在使用完毕后,应用干布擦去水迹,保持表面清洁、干燥。

(3)氧气遇油脂会爆炸。因此氧气减压器、氧弹以及氧气通过的各个部件、各连接部分不允许有油污,更不允许使用润滑油。如发现油垢,应用乙醚或其他有机溶剂清洗干净。

(4)坩埚在每次使用后,必须清洗和除去碳化物,并用纱布清除黏着的污点。

六、实验结果

(1)绘出温度-时间曲线,用作图法求真实温差。由式(1.7)算出体系的总热容 C。

(2)用同样的方法求萘燃烧的真实温差,并计算萘恒容燃烧热 Q_V。

(3)计算萘的恒压燃烧热 Q_p。

七、思考题

(1)在本实验装置中,哪些是体系?哪些是环境?体系与环境通过哪些方式进行热交换?如何进行校正?

(2)对混合物或未知物燃烧热的测定,能否用本实验的方法测得其 Q_p,为什么?

(3)在燃烧热测定实验中,哪些因素容易造成误差?

实验3　温度滴定法测定弱酸的离解热

一、实验目的

利用热敏电阻为感温元件,测定 H_3BO_3 与 NaOH 溶液的摩尔反应热,求弱酸 H_3BO_3 的摩尔离解热。

二、实验原理

温度滴定是以反应热为依据的容量滴定法。对于放热反应,反应加入滴定剂体积(V)与系统温度(T)关系的热谱图如图 1.9 所示。

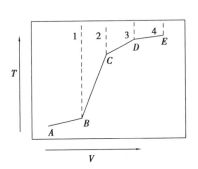

图 1.9　放热反应滴定热

整个滴定过程可分为 4 个阶段:图 1.9 中 1 为滴定预备期,因搅拌做功,系统略有温升;2 为反应滴定期,于 B 点开始加入滴定剂,到 C 点反应完全,反应热导致温升;3 为过量滴定稀释期,加入过量滴定剂产生稀释热,也引起系统一定的温度升高;4 为滴定结束期。

对于强碱弱酸反应,反应热 $\Delta_r H$ 是酸碱中和热 $\Delta_n H$ 与弱酸的离解热 $\Delta_d H$ 之和。以 H_3BO_3[其结构式为 $B(OH)_3$]与 NaOH 溶液反应为例

$$B(OH)_3 + H_2O \rightleftharpoons B(OH)_4^- + H^+ \qquad \Delta_d H$$

$$H^+ + OH^- \rightleftharpoons H_2O \qquad \Delta_n H$$

总反应

$$B(OH)_3 + OH^- \rightleftharpoons B(OH)_4^- \qquad \Delta_r H$$

根据盖斯定律,

$$\Delta_r H = \Delta_d H + \Delta_n H \tag{1.8}$$

式(1.8)是温度滴定法测求离解热的理论依据,其中,中和热 $\Delta_n H$ 与温度有关。不同热力学温度 T 时的摩尔中和热 $\Delta_n H_m$,可用下式表达

$$\Delta_n H_m = -57\,111.6 + 209.2(T - 298.2) \tag{1.9}$$

这里 $\Delta_n H_m$ 的单位为 J/mol。

摩尔反应热 $\Delta_r H_m$ 通过实验测得反应过程的温升 ΔT_r,由下式计算

$$\Delta_r H_m = K \frac{\Delta T_r}{n} \tag{1.10}$$

式中,n 为生成物质的量;K 为量热系统热容。K 可由已知浓度的强酸强碱反应热(即中和热 $\Delta_n H_m$)对系统进行标定而得。据式(1.10),若相应反应物的量和温升值用 n_0 和 ΔT_0 表示,则

$$K = \frac{n_0 \Delta_n H_m}{\Delta T_0} \tag{1.11}$$

代入式(1.10),得

$$\Delta_r H_m = \Delta_n H_m \left(\frac{n_0}{n} \right) \left(\frac{\Delta T_r}{\Delta T_0} \right) \tag{1.12}$$

因此,

$$\Delta_d H_m = \Delta_n H_m \left[\left(\frac{n_0}{n} \right) \left(\frac{\Delta T_r}{\Delta T_0} \right) - 1 \right] \tag{1.13}$$

本实验中各 ΔT 值是由热敏电阻 R_x 用直流平衡电桥配以信号处理器与计算机进行测定的,热敏电阻测温原理如图 1.10 所示。在反应滴定预备期,调节 R_3 使桥路平衡,即 $R_1 R_x = R_2 R_3$,C、D 间的电位差 U_{CD} 为零。进入反应滴定期,温升引起热敏电阻 R_x 值变化,因而在 C、D 间就产生了不平衡电位 U_{CD}。

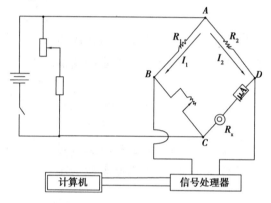

图 1.10　热敏电阻测温原理图

由于在温度滴定中温度变化很小,所以热敏电阻的温度系数可视为常数。这样,由电桥输出的不平衡电位 U_{CD} 与温度变化值呈正比关系,该不平衡电位经信号处理器放大后由计算机实时记录,相应变化量为 ΔU。则

$$\Delta T_r = \alpha \Delta U_r \tag{1.14}$$
$$\Delta T_0 = \alpha \Delta U_0 \tag{1.15}$$

式(1.14)和式(1.15)中,α 为比例常数。将此两式和式(1.9)代入式(1.13),得

$$\Delta_d H_m = \left[-57\,111.6 + 209.2(T - 298.2) \right] \left[\left(\frac{n_0}{n} \right) \left(\frac{\Delta U_r}{\Delta U_0} \right) - 1 \right] \tag{1.16}$$

对于反应速度较快、反应热较大的化学反应,可采用直接注入量热法,即一次性注入过量滴定剂并测量注入前后的温差。为避免稀释热,滴定剂的浓度是被滴定液的 100 倍左右。

三、实验试剂与仪器

(1)实验试剂:2 mol/L NaOH 标准溶液、0.02 mol/L HCl 标准溶液、0.02 mol/L H_3BO_3 标准溶液等。

(2)实验仪器:信号处理器、计算机、MF-51 热敏电阻、QJ23 型电桥、微安表、直流稳压电源、50 mL 移液管、杜瓦瓶、注射器、磁力搅拌器等。

实验装置如图 1.11 所示。

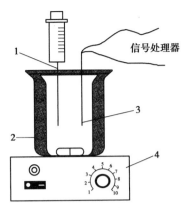

图 1.11 温度滴定装置图

1—长注射针(滴定量热时改为高位碱液瓶);

2—杜瓦瓶;3—热敏电阻;4—磁力搅拌器

四、实验步骤

方法一:滴定量热法

(1)移取 50 mL 0.02 mol/L HCl 标准溶液于干燥、洁净的杜瓦瓶中。

(2)先打开信号处理器,再打开计算机进入实验软件,在"项目管理"中单击"打开项目",选择"wddd",单击"打开项目"。

(3)单击"测试",在"显示参数曲线"界面中勾选"温度","数据文件名"任意填写,勾选"自动存盘"。然后单击"开始采样"并切换到"动态曲线"。

(4)调节电位器与 QJ23 型电桥桥臂的可变电阻,使电位-时间曲线基线至适当位置,开动磁力搅拌器。

(5)待系统温度稳定后,松开碱液瓶下部橡皮管上的夹子,让 NaOH 溶液在重力作用下匀速滴加入杜瓦瓶中。当反应过了滴定稀释期,将夹子夹住,停止加入碱液,此时"动态曲线"显示类似图 1.12 的动态曲线。实验自动结束。注:若采样前未单击"自动存盘",可手动单击"存储数据"(自己设文件名)。

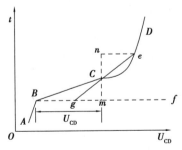

图 1.12 温度滴定中温度升高值的校正

(6)倒去杜瓦瓶中的反应液,洗净后移入 50 mL 0.02 mol/L H₃BO₃ 标准溶液,重复上述步骤(1)~(5)。

方法二:直接注入量热法

(1)同前方法步骤(1)~(4)。

(2)待系统温度稳定后,注射器一次性注入 0.8 mL 2 mol/L NaOH 标准溶液。

(3)待系统温度再次稳定后,直接从动态曲线上读得反应前后的 U_{CD} 或相应的 ΔU。

(4)同上测量 0.02 mol/L H_3BO_3 标准溶液与 NaOH 标准溶液反应时的 ΔU_r。

五、实验数据处理

将计算机操作界面对话框切换到"数据处理",单击"打开",打开刚才保存的文件,将数据导入 Origin 软件,进行数据处理。

(1)温升 ΔT 的校正:考虑到系统与环境之间存在热交换和 NaOH 溶液滴入时产生的稀释等非绝热因素的影响,应对实验测得的反映表观温升 ΔU_{exp} 进行如图 1.12 所示的校正。图中两坐标轴 t 为时间、U_{CD} 为反映温度变化的电桥输出电势。过 B 点作水平线 Bf,在 CD 线段中取一点 e,使表示时间的 Ce 垂直距离 Cn 等于 BC 间的垂直距离 Cm。连接 Ce 并延长至与 Bf 交于 g 点。Cg 线的斜率即反映系统由上述非绝热因素引起温升的速率。显然,gm 的长度即为在反应时间 Cm 内在表观温升 ΔU_{exp} 中应予以扣除的部分,而 Bg 长度即为校正后反应实际温升 ΔU。

(2)将实验测得的物理量列表,按式(1.12)和式(1.13)求出反应热 $\Delta_r H_m$ 与 H_3BO_3 一级离解热 $\Delta_d H_m$。

(3)如果采用直接注入量热法,对于反应较快的反应,则不需要进行热漏校正,只要将实验测得的反应前后 U_{CD} 变化值直接代入式(1.12)和式(1.13)计算得 $\Delta_d H_m$ 即可。

六、思考题

(1)为什么在温度滴定中滴定液的浓度要比被滴定液的浓度高(在本实验中为高 100 倍)?

(2)简述用热敏电阻测温的基本原理。

七、进一步讨论

(1)温度滴定法是精确测定溶液中进行一步或多步平衡反应的热力学数据的量热法。本实验中,若在已知的实验温度下,H_3BO_3 的一级离解标准平衡常数为 $K^\ominus$,则根据热力学原理,可求得离解过程的标准摩尔吉氏函数变化 ΔG 和标准摩尔熵变 $\Delta S_m^\ominus$:

$$\Delta G_m^\ominus = -RT \ln K^\ominus$$

$$\Delta S_m^\ominus = \frac{1}{T}(\Delta H_m^\ominus - \Delta G_m^\ominus) \tag{1.17}$$

(2)温度滴定法量热不受液体浊度、颜色、pH 等限制,除了用于酸碱反应,还可用于沉淀反应、氧化还原反应、配位反应。

(3)近年来,国内外温度滴定量热法应用方面的报道主要有:测定氨基酸的质子化反应、酚与羧酸的中和反应、DNA 的生成反应等热力学性质,研究蛋白质-蛋白质、蛋白质-核酸、抗体-抗体、脂类-核酸、多糖-肽等相互作用的热力学性质,也用于测定聚合物的端羟基含量。

实验 4　差热分析

一、实验目的

了解差热分析的基本原理及差热曲线的分析方法,测定 $BaCl_2 \cdot 2H_2O$、$CuSO_4 \cdot 5H_2O$ 脱水过程的差热曲线及各特征温度,并计算这一过程的热效应。

二、实验原理

(1)热分析是在程序控制温度下测量物质物理性质与温度的关系的一类技术。差热分析(DTA)是热分析方法的一种。其根据是当物质发生化学变化或物理变化(如脱水、晶型转变、热分解等)时,都有其特征的温度,并往往伴随着热效应,从而造成研究物质与周围环境的温差。此温差及相应的特征温度,可用以鉴定物质或研究其有关的物理化学性质。

为对某待测样品进行差热分析,则将其与热稳定性良好的参考物一同置于温度均匀的电炉中以一定的速率升温。这种参考物如 SiO_2、Al_2O_3,它们在整个试验温度范围内不发生任何物理化学变化,因而不产生任何热效应。所以,当样品没有热效应产生时,它和参考物温度相同,两者的温差 $\Delta T = 0$;当样品产生吸热(或放热)效应时,由于传热速率的限制,就会使样品与参考物温度不一致,即两者的温差 $\Delta T \neq 0$。

若以温差 ΔT 对参考物温度 T 作图,可得差热曲线图,如图 1.13 所示。当 $\Delta T = 0$ 时是一条水平线(基线);当样品放热时,出现峰状曲线,吸热时则出现方向相反的峰状曲线。热效应结束后温差消失,又重新出现水平线。这些峰的起始温度与物质的热性质有关。峰状曲线与基线围起来的面积大小则对应过程热效应的大小。

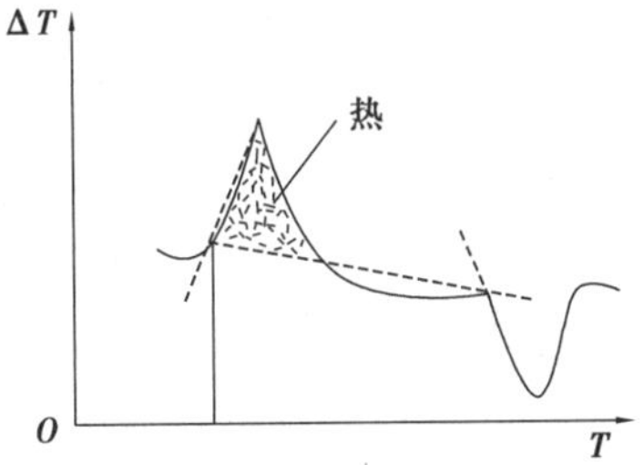

图 1.13　差热曲线图

差热峰的面积与过程的热效应成正比,即

$$\Delta H = \frac{K}{m} \int_{t_1}^{t_2} \Delta T \, \mathrm{d}t = \frac{K}{m} A \tag{1.18}$$

式(1.8)中,m 为样品的质量;ΔT 为温差;t_1,t_2 为峰的起始时刻与终止时刻;$\int_{t_1}^{t_2} \Delta T \, \mathrm{d}t$ 为差热峰的面积 A;K 为仪器参数,与仪器特性及测定条件有关。同一仪器测定条件相同时 K 为常数,所以可用标定法求得,即用一定量已知热效应的标准物质,在相同的实验条件下测得其差热峰的面积,由式(1.18)求得 K 值。本实验用已知熔化焓的 $Sn(\Delta H_m = 60.67 \text{ J/g})$。峰面积可直接在计算机绘图后进行处理。

(2)温差 ΔT 的测量,是用两对相同型号的热电偶同极串联组成一个温差热电偶,如图 1.14 所示,其中 A、B 表示组成热电偶的两种不同金属材料。实验时,将其中一热端镶嵌在装参考物的托盘中,将另一热端镶嵌在装待测样品的托盘中,两端输出的温差电势被送入差热放大器进行放大,如图 1.15 所示,经过 A/D 转换后由计算机进行绘图处理。当两

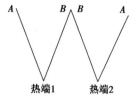

图 1.14 温热差电偶结构示意图

端温度相同时,由于两对热电偶热电势方向相反,大小相等,所以输出电势为零,即 $\Delta T = 0$,此时计算机屏幕上显示为基线。当样品产生热效应时,两托盘出现温差而产生电势差,则出现如图 1.13 所示的吸热峰或放热峰。在实验的温度变化范围有限的情况下,可认为温差电势与 ΔT 呈线性关系。

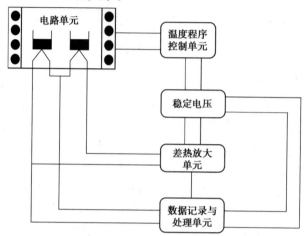

图 1.15 热分析炉及温度检测控制系统原理示意图

(3)在实际测量时,由于样品与参比物的比热、导热系数、粒度、装填情况等不可能完全相同,因而差热曲线的基线不一定与时间轴平行,峰前后基线也不一定在同一条直线上。因此,峰起始温度通常是指外推起始温度,即以基线延长线与峰的前沿最大斜率点切线的交点所对应的温度(图 1.13)。实践证明,用外推法确定的此特征温度重复性较好。温度的具体数值应在实验条件下用国际热分析协会推荐的标准物(如苯甲酸、Sn 等)进行标定。在确定了峰的起点和终点后,再确定峰面积(图 1.13 中阴影部分)。

三、实验试剂与仪器

(1)实验试剂:$BaCl_2 \cdot 2H_2O$(A. R.),$CuSO_4 \cdot H_2O$(A. R.),Sn(A. R.)等。

(2)实验仪器:坩埚、JCR-1 型差热分析仪(热分析炉及温度检测控制系统如图 1.15 所示)等。

四、实验步骤

(1)打开仪器电源开关(指示灯亮,说明整机电源已接通),预热 30 min 后可进行测试工作。

(2)将待测标样 Sn 放入一只 Al_2O_3 坩埚中精确称重(约 5 mg),另取一只空 Al_2O_3 坩埚作为参比物。

(3)双手轻轻抬起炉子,以左手为中心,右手逆时针轻轻旋转炉子。左手轻轻扶在炉子上,用左手拇指扶着右手拇指,防止右手抖动。用右手把装有参比物的坩埚放在左边的托盘上,把装有待测标样 Sn 的坩埚放在右边的托盘上,然后轻轻放下炉体。(注意操作时轻上、轻下。)

（4）启动热分析软件，单击"采集"后面的红色三角符号，自动弹出"设置新升温参数"对话框，在左边"基本设置"对话框里填写"试样名称、试样重量、操作员、序号"，在右边对话框进行分段升温参数设置，填写序号、初始温度、终止温度、升温速率（5 ℃/min 或 10 ℃/min）、保温时间（10 min），如需多个升温步骤，重复此步骤即可。设置完成后单击"检查"，检查无误后单击"确认"，系统进入采集状态。

（5）记录升温曲线和差热曲线，直至相变化完成并且基线走平后方可停止记录。

（6）数据分析：数据采集结束后，单击"保存数据到电脑"，然后单击"文件"中新窗口打开保存过的文件，再进行对应的数据分析。分析过程：单击"分析"，选择"DTA""峰区分析"，首先用鼠标选取分析起始点，双击鼠标左键；接着选取分析结束点，双击鼠标左键，此时计算机自动弹出分析结果。

（7）待炉温降至 50 ℃ 以下时，取出坩埚，将标样 Sn 依次更换为待测样品 $BaCl_2 \cdot 2H_2O$、$CuSO_4 \cdot 5H_2O$。按上述步骤操作，测得对应的差热曲线。

五、实验数据处理

（1）由所测样品的差热图，求出各峰的起始温度和峰温，将数据列表记录。

（2）求出所测样品的热效应值。

（3）求解样品 $CuSO_4 \cdot 5H_2O$ 的 3 个峰所涵盖的脱水过程，写出相应的反应方程式。根据实验结果，结合无机化学知识，推测 $CuSO_4 \cdot 5H_2O$ 中 5 个 H_2O 的结构状态。

六、思考题

（1）差热分析中如何选择参比物？常用的参比物有哪些？

（2）差热曲线的形状与哪些因素有关？影响差热分析结果的主要因素有哪些？

（3）差热分析与采用简单步冷曲线法进行热分析有何异同？

七、进一步讨论

（1）由于差热分析是一种动态技术，同时又涉及热量传递的测量，故影响因素较多。归纳起来主要有如下两类。

第一类是仪器因素，其中包括差热炉的形状与尺寸，样品支持器的形状与材料、热电偶在样品中的位置、升温速率、炉内气氛等。

第二类是样品的特性，例如粒度大小、导热系数、热容、样品量与装填的紧密度等。

因此，在同一组实验中应尽力做到实验条件一致，并在实验报告中写明：①实验条件，如样品填装紧密水平、升温速率、环境气氛等；②试样规格，如粒度大小、质量、预处理过程等；③设备情况，如电炉形状、样品管材料与尺寸、热电偶材料与形状、记录仪精度等，以便作数据分析。

（2）样品量过多，对多峰图常会出现峰与峰之间不易分辨，基线漂移等现象，同时造成试样内部温度梯度，因而增大了实验误差。样品量太少，则将降低实验的灵敏度。样品粒度太细使比表面较大，对于热分解反应将导致反应的特征温度降低以至影响峰形。升温速率太快,则会提高特征温度,同时常会掩盖掉一些小峰和降低峰的分辨率。对于分解反应,若气氛中含有产物的气体分压越大,则测得的分解特征温度也越高。鉴于上述讨论,在一般的情况下,采用尽可能少的样品数与合适并恒定的升温速率。

为克服样品与参考物热容与导热系数的差别过大引起热谱基线的漂移,常采取样品与参比物以一定比例混合后进行实验,从而得到比较平稳的热谱基线。

第2章
相平衡与化学平衡

本章将相平衡、化学平衡实验放在一起介绍是因为它们在实验方法上有一个共同特点,即在系统达到平衡的状态下,通过测量其温度、压力与组成,研究平衡时温度、压力与系统组成之间的关系并计算相关热力学数据。

相平衡实验的范围广,依据系统组成有单组分系统和多组分系统。依据相的形态,有固-固相,即晶型间转变;固-液相,即熔化或凝固;固-气相,即升华或凝华;气-液相,即蒸发或凝结。

相平衡实验的研究内容是系统相平衡时温度、压力与组成之间的依赖关系,而相图则是这些关系最直观的表示。将热力学得出的普遍规律应用于相平衡实验,例如,应用稀溶液依数性理论建立的沸点升高与凝固点下降法测定物质的摩尔质量实验,以及由此类实验基础上拓展的溶质熔化热、活度因子等热性质数据的间接测量是相平衡实验的又一重要内容。

化学平衡实验的基本原则是:在一定条件下,当系统达到化学平衡时,存在一个平衡常数。因此,在系统达到化学平衡后,对平衡系统的温度、压力与组成进行测量,则由测量结果可计算反应的表观平衡常数。根据热力学原理可以导出平衡系统的 $\Delta_r G_m^{\ominus}$、$\Delta_r S_m^{\ominus}$、$\Delta_r H_m^{\ominus}$ 等与标准平衡常数之间的关系($\Delta_r G_m^{\ominus} = \Delta_r H_m^{\ominus} - T\Delta_r S_m^{\ominus} = -RT\ln K^{\ominus}$)。

相平衡与化学平衡实验的结果被广泛应用于生产实践。在化工生产中,可以根据化学平衡常数和给定的生产条件计算反应物的转化率,指导生产过程;可以根据相平衡实验得到的温度(压力)-组成图设计反应器或选择相应的生产条件,实现混合物的分离与提纯操作的最佳化。同样,相平衡与化学平衡实验对环境、医药、冶金等学科的研究与发展也有着重要意义。

本章介绍的实验基本上是相平衡与化学平衡研究中的一些经典实验,涉及温度、压力、电势及光学性质等多种测量技术,在教学上侧重于实验基本技能的指导与训练。

实验 1　不同外压下液体沸点的测定

一、实验目的

(1)了解控制系统压力的原理和操作方法。

(2)测定不同外压下水的沸点并计算水的平均摩尔汽化热。

(3)了解液体的饱和蒸气压与温度的关系,克劳修斯-克拉佩龙方程式的意义。

二、实验原理

1)液体蒸气压与温度的关系

通常温度下(距离临界点温度较远时),液体与其蒸气达到平衡时的蒸气压称为该温度下液体的饱和蒸气压,简称蒸气压。液体的蒸气压与外压相等时的温度称为该液体的沸点。据气液平衡原理,若液体的摩尔体积与其蒸气体积相比可以忽略不计,并假定蒸气服从理想气体定律,则它的蒸气压与温度的关系可用克劳修斯-克拉佩龙方程来描述,即

$$\frac{\mathrm{d}\ln p}{\mathrm{d}T} = \frac{\Delta_{vap}H_m}{RT^2} \tag{2.1}$$

式(2.1)中,T 为液体的蒸气压为 p 时的平衡温度,即外压为 p 时液体的沸点;$\Delta_{vap}H_m$ 为液体的摩尔汽化热(J/mol);R 为摩尔气体常数[8.314 5 J/(mol·K)]。

液体的摩尔汽化热 $\Delta_{vap}H_m$ 随温度而变化,当温度变化不大时,可将其看作常数,据此将式(2.1)积分可得

$$\ln p = \frac{-\Delta_{vap}H_m}{RT} + C \tag{2.2}$$

式(2.2)中 C 为积分常数。由此式可知,以 $\ln p$ 对 $1/T$ 作图可得到一条直线,由该直线的斜率 k 可计算液体在实验温度范围内的平均摩尔汽化热

$$\Delta_{vap}H_m = -kR \tag{2.3}$$

2)液体沸点的测定

本实验用一种内加热式的沸点测定仪——奥斯默沸点仪测定液体的沸点,如图 2.1 所示。为了使蒸气和蒸气冷凝液可同时冲击在温度计的感温泡上,以测得气液两相平衡的温度,温度计的感温泡的一半应露在气相中。另外,为了减少环境温度对测温的影响,在温度计的外面还应该套一个小玻璃管。

3)系统压力的控制

为测定液体在一系列恒定压力下的沸点,系统的压力必须可以调节并能控制在预定的恒定值下。

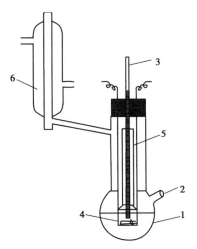

图 2.1 奥斯默沸点仪

1—被测液;2—加液口;3—温度计;

4—电热丝;5—保温玻璃管;6—冷凝管

三、实验试剂与仪器

(1)实验试剂:去离子水等。

(2)实验仪器:奥斯默沸点仪、机械真空泵、可控硅调压器、0～30 V 交流电压表、控压装置(图2.2)等。

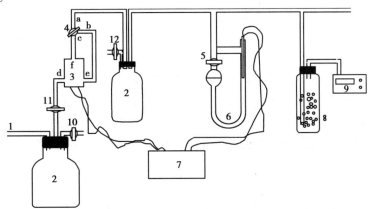

图 2.2 控压装置

1—接抽气泵;2—缓冲瓶;3—电磁阀;4、5、10、11、12—活塞;

d—进气口;e、f—出气口;6—电接点控压计;7—继电器;

8—干燥管;9—数字式低真空测压仪

四、实验步骤

(1)在沸点仪中加入约 50 mL 去离子水,调整水银温度计的位置,使温度计的感温泡的一半处于液相,另一半处于气相。沸点仪冷凝管的上端出口接入"控压装置"的"接稳压系统"处。

（2）关闭活塞 10、11、12，打开活塞 5，并将活塞 4 旋至三路皆通的位置，启动继电器与抽气泵，缓缓打开活塞 11。待系统压力降至 60 kPa（即低真空测压仪显示读数为 40 kPa 左右）时，将活塞 4 旋至 a、b 相通而与 c 不通的位置，并关闭活塞 5。此时，经控压计、继电器、电磁阀与泵的共同作用，系统压力即可稳定在 60 kPa 左右的某个定值。

（3）接通沸点仪上的冷却水，通过可控硅调压器调节沸点仪中电热丝的加热电压为 15 ~ 20 V。待液体沸腾并达到气液平衡后读出平衡温度 T 及数字式低真空测压仪上的压差 Δp。

（4）打开活塞 5，然后微微打开活塞 12，向系统引入少量空气，待系统压力增大约 5 kPa 后，关闭活塞 5。在此新的恒压条件下继续加热，测定新恒压条件下气-液两相平衡时的 T 和 Δp。

（5）重复步骤（4），共测定 6 组 T 和 Δp。

（6）测定结束后，先打开活塞 5，再关闭可控硅调压器，待沸点仪中溶液冷却至室温后关闭冷却水，关闭抽气泵。（为避免泵液灌入系统，必须先将活塞 10 打开，通入空气，后关闭抽气泵。）

（7）由气压计测定实验时的大气压。

五、实验数据处理

（1）对测得的沸点进行温度计的示值校正和露茎校正。

（2）结合大气压数值求得系统压力 $p = p_{Air} - \Delta p$。

（3）将校正后的 T 与 p 值列表记录，并按式（2.2）以 $\ln p$ 对 $1/T$ 作图，依据所得直线的斜率计算实验温度范围内水的平均摩尔汽化热。

六、思考题

（1）简述控压装置的控压原理，其与恒温装置的控温原理有何相似之处？

（2）电接点控压计中，活塞 5 起什么作用？为什么在加压或减压时均应先打开它？

（3）为什么停泵前必须使活塞 10 通空气？

（4）本实验过程中，随着系统压力的变化，液体的沸点是升高还是下降？

七、进一步讨论

（1）若要求得某一温度下的汽化热，可作 $\ln p\text{-}T$ 图，从曲线上某温度下的斜率 $\left(\dfrac{\Delta_{vap}H_m}{RT^2}\right)$ 即可求得该温度下的液体摩尔汽化热。

（2）图 2.2 所示的控压装置为一级控压装置，控制的系统压力精度一般约为 ±133 Pa（相当于 1 mmHg）。如果要求更高的控压精度，则必须再串接一套控压装置，组成二级控压装置。

实验 2　双液系的气-液平衡相图绘制

一、实验目的

(1)测定标准压力下正丙醇-乙醇二元系统的气液平衡数据,绘制此压力下沸点-组成的相图。

(2)掌握阿贝折射仪的原理和使用方法。

(3)掌握水银温度计与大气压力计的校正与使用方法。

(4)熟练掌握测定双组分液体沸点的方法及用折光率确定二组分物系组成的方法。

二、实验原理

任意两种在常温时为液态的物质混合起来组成的体系称为双液系。两种物质若能按任意比例进行溶解,称为完全互溶双液系,如环己烷-乙醇、正丙醇-乙醇体系。若只能在一定比例范围内溶解,称为部分互溶双液系,如水-苯体系。

由于双液系中各组分在同一温度下具有不同的挥发能力,因而经过气-液间相变达到平衡后,各组分在气、液两相中的浓度是不相同的。根据这个特点,使二元混合物在精馏塔中进行反复蒸馏,就可分离得到各相应的纯组分。为了得到预期的分离效果,设计精馏装置必须掌握准确的气液平衡数据,也就是平衡时的气、液两相的组成与对应温度、压力间的依赖关系。工业上大量重要系统的气液平衡数据,很难用理论计算,必须由实验直接测定,即在恒压(或恒温)下测定平衡的蒸气与液体的各组成。其中,恒压数据应用更广,测定方法也较简便。

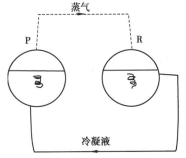

图 2.3　循环法原理示意图

恒压测定方法有多种,以循环法最普遍。循环法原理示意图如图 2.3 所示。

在沸腾器 P 中盛有一定组成的二元溶液,在恒压下加热。液体沸腾后,逸出的蒸气经完全冷凝后流入收集器 R。达到一定数量后溢流,经回流管流回到 P。由于气相中的组成与液相中不同,所以随着沸腾过程的进行,P、R 两容器中的组成不断改变,直至达到平衡时,气、液两相的组成不再随时间而变化,P、R 两容器中的组成也保持恒定。分别从 P、R 中取样进行分析,即得出平衡温度下气相和液相的组成。

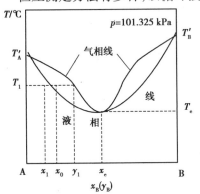

图 2.4　正丙醇-乙醇二元气液恒压相图

本实验测定的正丙醇-乙醇二元气液恒压相图,如图 2.4 所示。图中横坐标表示双液系的组成(以 B 的摩尔分数表示),纵坐标为温度。曲线的两个端点 T'_A,T'_B 即指在恒压下纯 A 与纯 B 的沸点。若溶液原始的组成为 x_0，当它沸腾达到气液平衡的温度为 T_1 时，其平衡气液相组成分别为 y_1 与 x_1。用不同组成的溶液进行测定，可得一系列 T-x-y 数据，据此画出一张由液相线与气相线组成的完整相图。图 2.4 的特点是当系统组成为 x_e 时，沸腾温度为 T_e，平衡的气相组成与液相组成相同。因为 T_e 是所有组成中的沸点最低者，所以这类相图称为具有最低恒沸点的气液平衡相图。

分析气液两相组成的方法很多，有化学方法和物理方法。本实验用阿贝折射仪测定溶液的折射率以确定其组成，即在一定温度下，纯物质具有一定的折射率，当两种物质互溶形成溶液后，溶液的折射率就与其组成有一定的顺变关系。预先测定一定温度下一系列已知组成的溶液的折射率，得到折射率-组成对照表，后续实验即可根据待测溶液的折射率，由此表确定其组成。

三、实验试剂与仪器

（1）实验试剂：正丙醇、乙醇等。

（2）实验仪器：埃立斯（Ellis）平衡蒸馏器、可控硅调压器、电压表、阿贝折射仪、超级恒温槽等。

埃立斯平衡蒸馏器由玻璃吹制而成，具有气液两相同时循环的结构，如图 2.5 所示。

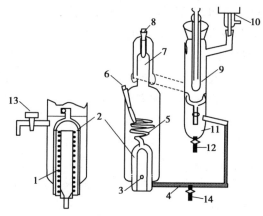

图 2.5　埃立斯平衡蒸馏器

1—加热元件；2—沸腾室；3—小孔；4—毛细管；
5—平衡蛇管；6、8—温度计套管；7—蒸馏器内管；
9、10—冷凝管；11—冷凝液接收管；12、13—取样口；14—放料活塞

四、实验步骤

（1）将预先配制的具有一定组成的正丙醇-乙醇溶液缓缓加入蒸馏器中，使液面略低于蛇管喷口，保证蛇管的大部分浸在溶液之中。

（2）调节适当的电压通过加热元件 1 和下保温电热丝对溶液进行加热。同时在冷凝管 9、10 中通以冷却水。

（3）加热一定时间后溶液开始沸腾，气、液两相混合物经蛇管口喷于温度计底部；同时可见气相冷凝液滴入接收器 11。为了防止蒸气过早冷凝，通过可控硅调压器将上保温电热丝加

热,要求温度计套管 8 内温度比温度计套管 6 内温度略高 0.5 ~ 1.5 ℃。控制加热器电压,使冷凝液产生速度为 60 ~ 100 滴/min。调节上下保温电热丝电压,以蒸馏器的器壁上不产生冷凝液滴为宜。

为防止暴沸,在加热升温过程中可借助于双连球通过活塞 14 向蒸馏器内缓慢地间歇鼓入少量空气,待溶液沸腾后取下双连球。

(4)待温度计套管 6 处的温度约恒定 15 min 后,可认为气液两相间已达到平衡,记下温度计读数,即为气液平衡的温度 $T_{观}$,同时记下温度计露茎部分的长度 n 及辅助温度计读数 $T_{环}$。

(5)分别从取样口 12、13 同时取样约 1 mL,冷却至 30 ℃ 后测定其折射率。

(6)实验结束,关闭所有加热元件。待溶液冷却后,将溶液放回原来的溶液瓶,关闭冷却水。

五、实验数据处理

(1)将测定的各气液相溶液的折射率,利用正丙醇-乙醇系统的折射率-组成对照表确定气液平衡时的气液相组成。

(2)平衡温度的确定:

①温度计示值校正和露茎校正。

②气压计读数校正。

③平衡温度的压力校正:溶液的沸点与外压有关,为了将溶液沸点校正到正常沸点,即外压为 101.325 kPa 下的气液平衡温度,应将测得的平衡温度进行气压校正。正丙醇-乙醇系统的校正公式如下

$$T_{常} = \frac{1}{p_{大气}}(0.071\ 2 + 0.023\ 4y_{正}) \times (T + 273)(101.325 \times 10^{3} - p_{大气}) \qquad (2.4)$$

式(2.4)中,$T_{常}$ 为校正到外压为 101.325 kPa 下的平衡温度(℃);T 为外压为 $p_{大气}$(Pa)时测得的温度(℃);$y_{正}$ 为用正丙醇摩尔分数表示的气相组成。

(3)综合实验所得的各组成的气液平衡数据,绘出 101.325 kPa 下正丙醇-乙醇的气液平衡相图。

六、思考题

(1)如何才能准确测得溶液的沸点?

(2)埃立斯平衡蒸馏器有什么特点?其中蛇管的作用是什么?

(3)试简述在本实验过程中,埃立斯平衡蒸馏器是如何实现气液两相同时循环的。

(4)取出的平衡时气、液相样品,为什么要冷却至 30 ℃ 方可用于测定其折射率?

(5)收集气相冷凝液的收集器 R 的大小对实验结果有无影响?

七、进一步讨论

使用埃立斯平衡蒸馏器操作时,应注意防止闪蒸现象、精馏现象及暴沸现象。当加热功率过高时,溶液往往会产生完全汽化,将原组成溶液瞬间完全变为蒸气,即闪蒸。显然,闪蒸

得到的气液组成不是平衡的组成。为此需要调节适当的加热功率,以控制蒸气冷凝液的回流速度。

蒸馏器所得的平衡数据应是溶液一次汽化平衡的结果。但若蒸气在上升过程中又遇到气相冷凝液,则又可进行再次汽化,这样就形成了多次蒸馏的精馏操作,其结果是得不到蒸馏器应得的平衡数据。为此,在蒸馏器上部必须进行保温,使气相部位温度略高于液相,防止蒸气过早冷凝。

由于沸腾时气泡生成困难,暴沸现象常会发生。避免的方法是提供气泡生成中心或造成溶液局部过热。为此,可在实验中鼓入小气泡或在加热管的外壁造成粗糙表面以利于形成气穴;或将电热丝直接与溶液接触,造成局部过热。

实验 3　测定物质的摩尔质量

一、实验目的

(1)了解凝固点下降法和沸点升高法测定物质的摩尔质量。

(2)了解凝固点下降法和沸点升高法的原理并掌握贝克曼温度计的正确使用方法。

(3)了解沸点仪的有关构造以及热敏电阻在测温中的应用。

测定物质的摩尔质量一般有两种方法,即凝固点下降法与沸点升高法。

Ⅰ　凝固点下降法

二、实验原理

在溶液浓度很稀时,如果溶质与溶剂不生成固溶体,溶液的凝固点下降 ΔT_i 与溶质的质量摩尔浓度 $b_B(\text{mol/kg})$ 成正比,即

$$\Delta T_i = T_f^* - T_f = K_f b_B = K_f \frac{m_B}{M_B m_A} \tag{2.5}$$

所以

$$M_B = K_i \frac{m_B}{\Delta T_i m_A} \tag{2.6}$$

式(2.5)中,T_f^* 为纯溶剂凝固点;T_f 为溶液的凝固点;K_f 为凝固点下降常数 $[(\text{kg} \cdot \text{K})/\text{mol}]$;$m_B$ 为溶液中溶质的质量(kg);m_A 为溶液中溶剂的质量(kg);M_B 为溶质的摩尔质量(kg/mol)。

据此,只要测定已知浓度的溶液的凝固点下降值,就可以计算出溶质的摩尔质量。

纯溶剂和溶液在冷却过程中,其温度(T)随时间 t 变化的冷却曲线如图 2.6 所示。

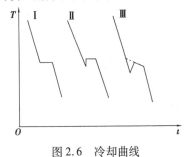

图 2.6　冷却曲线

纯溶剂在凝固前温度随时间均匀下降,当到达凝固点时,固体析出,放出热量,补偿对环境的热散失。因而温度保持恒定,直至全部凝固以后温度又均匀下降,其冷却曲线如图 2.6(Ⅰ)所示。实际上纯液体凝固时,由于开始结晶出的微小晶粒的饱和蒸气压大于同温度下的液体饱和蒸气压,所以往往产生过冷现象,即液体的温度要降到凝固点以下才析出固体,随后温度再上升到凝固点,其冷却曲线如图 2.6(Ⅱ)所示。

溶液的冷却情况与此不同。当溶液冷却到凝固点时,开始析出固态纯溶剂。随着溶剂的析出,溶液的浓度也相应增大。所以溶液的凝固点随着溶剂的析出而不断下降,在冷却曲线上得不到温度不变的水平线段,如图 2.6(Ⅲ)所示。因此,在测定一定浓度的溶液的凝固点时,析出的固体越少,测得的凝固点才越准确。同时过冷程度应尽量减小,一般可采用在开始结晶时,加入少量溶剂的微小晶体作为晶种的方法,以促使晶体生成,或者用加速搅拌的方法也可促使晶体成长。当有过冷情况发生时,溶液的凝固点应从冷却曲线上待温度回升后外推而得,如图 2.6(Ⅲ)所示。

三、实验仪器与试剂

（1）实验仪器:凝固点测定装置,如图 2.7 所示。

（2）实验试剂:萘片、苯、碎冰等。

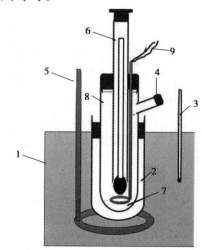

图 2.7　凝固点测定装置
1—大玻璃管;2—玻璃套管;3—普通温度计;
4—被测物加入口;5、9—搅拌器;
6—贝克曼温度计;7—溶剂或溶液;8—测定管

四、实验步骤

（1）调节贝克曼温度计,要求在苯的凝固点(5.5 ℃)时汞柱读数在 2～4 ℃。

（2）调节冰浴温度,使其低于被测液体凝固点 2～3 ℃。

（3）在测定管中加入约 20 g（准确到 ±0.02 g）苯,或用移液管移入 25 mL 苯,再根据当时温度下苯的密度计算其质量。

（4）将调节好的贝克曼温度计擦干净后插入测定管中。按图 2.7 安装好装置,缓缓地不断搅拌试液,测定其凝固点 T_f^*。用同样方法,重复测定 3 次,相差应小于 0.004 ℃。

注意:为了加快实验进程,可以先将测定管直接浸入冰浴,待管中液体的温度下降到接近凝固点时,取出测定管,配上套管后再放入冰浴进行测定。

（5）称取 0.10～0.15 g 萘片（准确到±0.000 2 g）,投入苯中,待完全溶解后,同上述步骤测定此溶液的凝固点 T_f。重复测定 3 次。

五、实验数据记录与处理

列表记录各测定的物理量,作图用外推法求得凝固点 T_f^* 和 T_f。计算萘的摩尔质量,与标准值比较,并求相对误差。

已知,苯的凝固点 T_f^*、凝固点下降常数 K_f、密度 ρ_t（kg/m³）与温度 T（℃）的关系分别为:

$T_f^* = 278.66\text{K}, K_f = 5.12(\text{kg} \cdot \text{K})/\text{mol}, \rho_t = 9.001 \times 10^2 - 1.063\ 6T$。

Ⅱ　沸点升高法

六、实验原理

含有难挥发溶质的稀溶液的沸点 T_b 高于纯溶剂沸点 T_b^*。根据稀溶液定律,沸点升高 ΔT_b 与难挥发溶质的质量摩尔浓度 b_B(mol/kg)成正比,即

$$\Delta T_b = T_b - T_b^* = K_b b_B = K_b \frac{m_B}{M_B m_A} \tag{2.7}$$

所以

$$M_B = K_b \frac{m_B}{\Delta T_b m_A} \tag{2.8}$$

式(2.7)中,K_b 为沸点升高常数[(kg·K)/mol];m_B 为溶液中溶质 B 的质量(kg);m_A 为溶剂 A 的质量(kg);M_B 为溶质 B 的摩尔质量(kg/mol)。

在本实验中,ΔT_b 是用一对热敏电阻及可变电阻组成的直流桥路(图2.8)测量的。

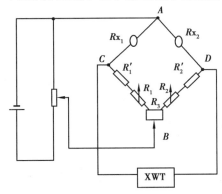

图 2.8　热敏电阻温差测量桥路

R_1、R_2、R_3—可变电阻;Rx_1、Rx_2—测量纯溶剂与溶液沸点的热敏电阻;

XWT—台式自动平衡记录仪

设桥路的 CD 端输出电位 ΔU 在测温范围内与 ΔT_b 成正比,令 $\Delta T_b = S \cdot \Delta U$,$S$ 为测温的灵敏度,即单位输出电位表示的温度变化(K/V),代入式(2.8),可得

$$M_B = \frac{K_b m_B}{S \Delta U m_A} \tag{2.9}$$

鉴于 S 值未知,而且当溶液沸腾时,一部分溶剂处于汽化或回流状态,沸腾溶液中的溶剂质量 m_A 难以确定。所以,不能直接用式(2.9)计算 M_B。为此,用已知质量为 m_B'、摩尔质量为 M_B' 的溶质 B'作为基准物标定整套仪器,即在一定的实验条件下,测量其桥路的不平衡电位 $\Delta U'$,可得

$$M_B' = \frac{K_b m_B'}{S \Delta U' m_A} \tag{2.10}$$

然后在相同的实验条件下(即溶剂量、热敏电阻测温位置及桥路阻值不变)测得含待测物质 B 溶液的 ΔU。比较式(2.9)和式(2.10),即可得到计算物质 B 摩尔质量的公式:

$$M_B = M_B' \left(\frac{m_B}{\Delta U} \bigg/ \frac{m_B'}{\Delta U'} \right) \tag{2.11}$$

七、实验试剂与仪器

（1）实验试剂：丙酮（AR）、粒状萘、苯甲酸等。

（2）实验仪器：斯威托斯劳司克型沸点仪、直流电桥、热敏电阻（1～2 kΩ）、台式自动平衡记录仪或无纸化记录仪等。

本实验采用两个沸点仪同时工作的双室形式，一室装溶剂，一室装溶液，如图2.9所示。其优点在于可以直接读出沸点差，还可以消除压力对沸点的影响。沸腾室的加热用45 W 电烙铁芯。通过气液提升管2将沸腾室1内的过热液体喷在测温管4的上部，然后沿着测温管外部的螺纹路流下。在此过程中气液充分接触，通过调节对电烙铁芯8的加热功率来调节冷凝液滴口6的回流液的滴速，在测温管4底部（热敏电阻放置处）可测得气液平衡的温度。

八、实验步骤

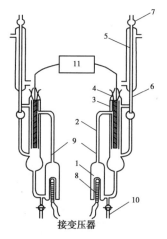

图2.9　双室沸点仪

1—沸腾室；2—气液提升管；3—保温套管；
4—测温管；5—冷凝管；6—冷凝液滴口；
7—冷凝管口；8—电烙铁芯；9—刻度线；
10—放料口；11—热敏电阻温差测量桥路

（1）装好仪器，接好线路。

（2）按图2.9，在两个沸点仪中分别从冷凝管口7加入丙酮至刻度线9（约60 mL）。往冷凝管5通冷凝水并打开加热开关，开始加热电烙铁芯8。在加热过程中从放料口10用双连球缓慢地鼓入气泡，以防暴沸。

（3）沸腾后通过调节加热电压控制冷凝液滴速为70～80滴/min。

（4）选择记录仪的量程为2 mV，走纸速度为30 mm/min，确定实验过程中记录仪画笔的走向。

（5）待沸腾稳定，记录仪基线走直后，从冷凝管口投入一粒称量过的萘片（约0.2 g），稳定后得到$\Delta U_1'$，再投入第二粒、第三粒，得到$\Delta U_2'$、$\Delta U_3'$。

（6）停止加热，稍稍冷却后，放出萘溶于丙酮的溶液。用丙酮洗涤此沸点仪，再加入丙酮到原刻度线，随后以苯甲酸为溶质，参照上述步骤，分别测出投入3粒苯甲酸后的相应的ΔU_1、ΔU_2、ΔU_3。

九、实验数据处理

（1）量出各$\Delta U'$和ΔU值［用记录纸上走线间的距离（mm）表示］，作萘的m_B'-$\Delta U'$直线及苯甲酸的m_B-ΔU直线。由斜率求出$\dfrac{m_B'}{\Delta U'}$及$\dfrac{m_B}{\Delta U}$。

（2）已知萘的摩尔质量$M_B' = 0.128\ 2$ kg/mol，按式（2.11）计算苯甲酸的摩尔质量，并计算其与标准值0.122 1 kg/mol的相对误差。

十、思考题

(1)为什么会产生过冷现象? 如何控制过冷程度?

(2)为什么测定凝固点时,必须将测定管配上套管后再浸入冰浴? 若不配上套管会引起什么后果?

(3)为什么测定纯溶剂的凝固点时,过冷程度大一些对测定结果影响不大,而测定溶液凝固点时却必须尽量减小过冷程度?

(4)为什么沸点升高法先要用基准物标定仪器,然后才能测定待测物的摩尔质量?

(5)比较凝固点下降法与沸点升高法,并说明两种方法的区别与联系。

十一、进一步讨论

(1)做好凝固点下降法测定物质摩尔质量的关键在于相平衡条件和过冷度的控制。为此装溶液的测定管必须用玻璃外套管,并调节好套管内外的温差与搅拌速度。过冷度一般以小于 0.2 ℃ 为宜。同时溶剂的纯度、质量都会直接影响实验结果。

(2)凝固点下降是稀溶液依数性的表现,即其凝固点的下降值只与溶液中存在的溶质粒子数目有关而与溶质的本性无关。据此,若溶质在溶剂中发生离解或缔合现象,则可以从所求的摩尔质量与按纯溶质摩尔质量的偏离值推算其离解常数和缔合度。此外,在精确测得 ΔT_f 后,可根据热力学原理,计算溶质熔化热和活度系数。

(3)沸点的精确测定有赖于设计合理的沸点仪。若温度计置于沸腾的液体之中,则因产生小气泡所需的附加压力,必造成液体的过热,所测得的沸点值偏高。若温度计置于沸腾液体上部的蒸气之中,则测得的温度为蒸气冷凝的温度。而除了纯组分的液体外,蒸气冷凝的温度与沸点都存在着一定的偏差。

为获得气液共存的平衡温度,早期的考特莱尔设计了带气液提升管的沸点仪,如图 2.10 所示。沸腾的气液混合物经过细小的提升管(即考特莱尔泵)之后喷打在处于蒸气之中的温度计上。当达到热平衡时,在温度计上即测得气液两相平衡的温度。

近几十年来有多种新型的沸点仪问世,但从根本上说,还离不开考特莱尔泵的原理。例如本实验用的斯威托斯劳司克型沸点仪和图 2.11 所示的较新型的多提升管流动循环式的 Eckert 沸点仪。

(4)为在测温管底部测得气液平衡的温度,需要控制过热程度。通常是以冷凝管下端冷凝液的滴速来控制加热功率。显然,不同液体的合适滴速与其蒸发热有关。为了防止过热暴沸,可在沸腾室内靠近加热棒的玻璃表面上熔结细玻璃粉以造成粗糙的表面,或在加热过程中从放料口间断地鼓入少量空气,以促进较大的气泡生成。

(5)本实验中热敏电阻测温灵敏度 S 的估算:

按
$$\Delta T_b = S \cdot \Delta U = K_b \frac{m}{M_B m_A} \tag{2.12}$$

则
$$S = \frac{K_b \cdot m_B}{\Delta U \cdot M_B \cdot V \cdot \rho} \tag{2.13}$$

式(2.13)中,V 为溶剂的体积(m^3);ρ 为溶剂的密度(kg/m^3)。

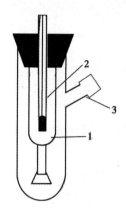

图 2.10　沸点仪图
1—考特莱尔泵;
2—温度计;
3—接冷凝管

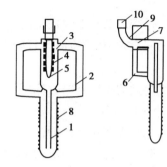

图 2.11　Eckert 沸点仪的正、侧面
1—沸腾室;2—提升管;3—气液平衡室;
4—螺旋玻璃棒;5—温度计套管;
6—气相冷凝液回流管;7—支管;
8—加热线圈;9—标准磨口;10—接冷凝管

已知丙酮的 K_b = 1.76 (kg · K)/mol ,ρ = 787 kg/m³ ,$V \approx 60 \times 10^{-6}$ m³ ,基准物萘的 M_B = 0.1 221 kg/mol。只要测得萘质量为 m_B 时对应的 ΔU(电位差 mV 值或记录仪上与 mV 相对应的长度 mm 值),即可求得 S。计算表明,此测温的灵敏度可达到贝克曼温度计的水平。若用低电势电位差计或灵敏检流计代替自动记录仪,也可获得同样的效果。

实验 4　氨基甲酸铵分解平衡常数的测定

一、实验目的

(1)测定氨基甲酸铵的分解压力,并求得反应的标准平衡常数和有关热力学函数。

(2)掌握空气恒温箱的结构原理及其使用。

二、实验原理

氨基甲酸铵是合成尿素的中间产物,白色固体,不稳定,加热易发生如下分解反应:

$$NH_4COONH_2(固) \Longleftrightarrow 2NH_3(气) + CO_2(气)$$

该反应为可逆的多相反应,设反应中产生的气体为理想气体,并不将分离产物从系统中移走,在常压下其标准平衡常数 $K^\ominus$ 可近似表达为

$$K^\ominus = \left(\frac{p_{NH_3}}{p^\ominus}\right)^2 \left(\frac{p_{CO_2}}{p^\ominus}\right) \tag{2.14}$$

式中,p_{NH_3} 和 p_{CO_2} 分别表示反应温度下 NH_3 和 CO_2 的平衡分压;$p^\ominus$ 为 100 kPa。设平衡总压为 p,则

$$p_{NH_3} = \frac{2}{3}p \, ; p_{CO_2} = \frac{1}{3}p$$

代入式(2.14),得

$$K^\ominus = \left(\frac{2}{3} \times \frac{p}{p^\ominus}\right)^2 \left(\frac{1}{3} \times \frac{p}{p^\ominus}\right) = \frac{4}{27}\left(\frac{p}{p^\ominus}\right)^3 \tag{2.15}$$

因此测得一定温度下的平衡总压后,即可按式(2.15)算出此温度下的反应平衡常数 $K^\ominus$。氨基甲酸铵分解是一个热效应很大的吸热反应,平衡常数受温度影响较大。但当温度变化范围不大时,按平衡常数与温度的关系式,可得

$$\ln K^\ominus = \frac{-\Delta_r H_m^\ominus}{RT} + C \tag{2.16}$$

式(2.16)中,$\Delta_r H_m^\ominus$ 为该反应的标准摩尔反应热;R 为摩尔气体常数;C 为积分常数。根据式(2.16),只要测出几个不同温度下的 $K^\ominus$,以 $\ln K^\ominus$ 对 $1/T$ 作图,由所得直线的斜率即可求得实验温度范围内的 $\Delta_r H_m^\ominus$。

利用如下热力学关系式还可计算反应的标准摩尔吉布斯函数变化 $\Delta_r G_m^\ominus$、$\Delta_r S_m^\ominus$

$$\Delta_r G_m^\ominus = - RT \ln K^\ominus \tag{2.17}$$

$$\Delta_r G_m^\ominus = \Delta_r H_m^\ominus - T \Delta_r S_m^\ominus \tag{2.18}$$

本实验用静态法测定氨基甲酸铵的分解压力,参看如图 2.12 所示的实验装置。

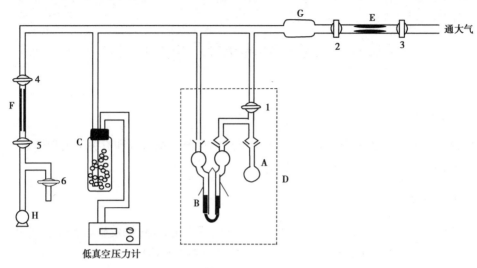

图 2.12　分解压测定装置

1—6—真空活塞；A—样品瓶；B—零压计；C—气体吸收瓶；

D—空气恒温箱；E、F—毛细管；G—缓冲管；H—机械真空泵

样品瓶 A 和零压计 B 均装在空气恒温箱 D 中。实验时先将系统抽空(零压计两液面相平)，然后关闭活塞1，让样品在恒温箱的温度 T 下分解，此时零压计右管上方为样品分解得到的气体，通过活塞2、3不断放入适量空气于零压计左管上方，使零压计中的液面始终保持相平。待分解反应达到平衡后，从外接的 U 形汞压力计测出零压计左管上方的气体压力，即为温度 T 下氨基甲酸铵分解的平衡压力。

三、实验试剂与仪器

(1)实验试剂:氨基甲酸铵(固体粉末)等。

(2)实验仪器:空气恒温箱、样品瓶、数字式低真空测压仪、硅油零压计、机械真空泵、活塞等。

四、实验步骤

(1)按图 2.12 的装置连接好管路,并在样品瓶 A 中装上少量氨基甲酸铵粉末。

(2)打开活塞1,打开数字式低真空测压计,预热 10 min 后,将活塞2、3打开,使系统与大气相通,按下测压计置零键,使示值为零,单位开关置于"kPa"。

(3)在活塞1保持开启的状态下,关闭其余所有活塞。开启机械真空泵,再缓缓打开活塞5和4,使系统逐步抽真空。约 5 min 后关闭活塞5、4 和 1。(注意:旋转活塞时应双手操作,以免造成系统漏气或设备损坏。)

(4)调节空气恒温箱温度为(25.0 ± 0.2) ℃。

(5)随着氨基甲酸铵分解,零压计中右管液面降低,左管液面升高,出现了压差。为了消除零压计中的压差,维持零压,先打开活塞3,随即关闭,再打开活塞2,此时毛细管 E 中的空气经过缓冲管 G 降压后进入零压计左管上方。再关闭活塞2,打开活塞3,如此反复操作,待零压计中液面相平且不随时间而变,则从数字式低真空测压计上测得平衡压差 Δp_i。

注意：

①不可将活塞 2、3 同时打开，以免压差过大而使零压计中的硅油冲入样品瓶。

②若空气放入过多，造成零压计左管液面低于右管液面，此时可打开活塞 5，通过真空泵将毛细管 F 抽真空，随后再关闭活塞 5，打开活塞 4。这样可以降低零压计左管上方的压力，直至两边液面相平。

（6）将空气恒温箱分别调到 30 ℃、35 ℃、40 ℃，同上述实验步骤操作，从数字式低真空测压计测得各温度下系统达平衡后的压差。

（7）实验结束，按顺序打开活塞 1、2、3 使系统通大气。待测压计示值为零后，关闭测压计及活塞 2、3。关闭真空泵。在关闭真空泵之前必须先打开活塞 6（为什么？）。

（8）测定大气压，见步骤（2）。

五、实验数据处理

（1）将室温下大气压力计读数进行温度、重力加速度、仪器误差校正。

（2）求不同温度下系统的平衡总压 $p = p_{大气} - \Delta p$，并与如下经验式计算结果相比较：$\ln p = \dfrac{-6\,313.5}{T} + 30.554\,6$。式中 p 的单位为 Pa。

（3）计算各分解温度下 $K^{\ominus}$ 的和 $\Delta_r G_m^{\ominus}$。

（4）以 $\ln K^{\ominus}$ 对 $1/T$ 作图，由斜率求得 $\Delta_r H_m^{\ominus}$。

（5）按式（2.18）计算 $\Delta_r S_m^{\ominus}$。

六、思考题

（1）在一定温度下，氨基甲酸铵的用量多少对分解压力有何影响？

（2）为何要对大气压力计读数进行校正？若不进行校正，对平衡总压的值会产生多少误差？

（3）装置中毛细管 E 与 F 各起什么作用？为什么在系统抽真空时必须将活塞 1 打开？若不打开活塞 1，则会引起什么后果？

（4）本实验为什么要用零压计？零压计中液体为什么选用硅油？

（5）如何判断氨基甲酸铵分解已达到平衡？没有平衡就测数据会有何影响？

七、进一步讨论

（1）由于 NH_2COONH_4 易吸水，故在制备及保存时使用的容器都应保持干燥。若 NH_2COONH_4 吸水，则会生成 $(NH_4)_2CO_3$ 和 NH_4HCO_3，就会给实验结果带来误差。

（2）本实验的装置与测定液体饱和蒸气压的装置相似，故本装置也可用来测定液体的饱和蒸气压。

（3）氨基甲酸铵极易分解，所以无商品销售，需要在实验前制备。方法如下：在通风柜内将钢瓶中的氨与二氧化碳在常温下同时通入一塑料袋中，一定时间后在塑料袋内壁上即附着氨基甲酸铵的白色结晶。

实验5　甲基红的酸解离平衡常数的测定

一、实验目的

（1）测定甲基红的酸解离平衡常数。

（2）掌握721型分光光度计和PHS-2型pH计的使用方法。

（3）掌握用分光光度法测酸解离常数的方法。

二、实验原理

甲基红是一种弱酸型的染料指示剂，具有酸（HMR）和碱（MR⁻）两种形式；其在溶液中部分电离，在碱性溶液中呈黄色，酸性溶液中呈红色。

在酸性溶液中它以两种离子形式存在，简单地写成

$$酸式（HMR）（红）\rightleftharpoons 碱式（MR^-）（黄）+ H^+$$

其解离平衡常数

$$K = \frac{[H^+][MR^-]}{[HMR]} \tag{2.19}$$

$$pK = pH - \lg\frac{[MR^-]}{[HMR]} \tag{2.20}$$

由于HMR和MR⁻两者在可见光谱范围内具有强的吸收峰，溶液离子强度的变化对它的酸解离平衡常数没有显著的影响，而且在简单CH_3COOH–CH_3COONa缓冲体系中就很容易使颜色在pH=4~6内改变，因此比值$[MR^-]/[HMR]$可用分光光度法测定而求得。

对化学反应平衡体系，分光光度计测得的光密度包括各物质的贡献，由朗伯-比尔定律

$$A = -\lg\frac{I}{I_0} = \alpha cl \tag{2.21}$$

当c的单位为mol/L，l的单位为cm时，α为摩尔吸光系数。由此可推知甲基红溶液中总的光密度为

$$A_A = a_{A,HMR}[HMR]l + a_{A,MR^-}[MR^-]l \tag{2.22}$$

$$A_B = a_{B,HMR}[HMR]l + a_{B,MR^-}[MR^-]l \tag{2.23}$$

A_A、A_B分别为在HMR和MR⁻的最大吸收波长处所测得的总的吸光度。$\alpha_{A,HMR}$、α_{A,MR^-}和$\alpha_{B,HMR}$、α_{B,MR^-}分别为在波长λ_A和λ_B下的摩尔吸光系数。各物质的摩尔吸光系数值可由作图法求得。例如首先配制出pH≈2的具有各种浓度的甲基红酸性溶液，在波长λ_A分别测定各溶液的光密度A，作A—c图，得到一条通过原点的直线。由直线斜率可求得$\alpha_{A,HMR}$值，其余摩尔吸光系数求法类同，从而求出$[MR^-]$与$[HMR]$的相对量。再测得溶液的pH，最后按式（2.19）求K。

三、实验试剂与仪器

（1）实验试剂：甲基红储备液 0.5 g；晶体甲基红溶于 300 mL 95% 的乙醇中，用蒸馏水稀释至 500 mL；标准甲基红溶液：取 8 mL 储备液加 50 mL 乙醇稀释至 100 mL；pH 为 6.84 的标准缓冲溶液；0.04 mol/L CH_3COONa 溶液；0.01 mol/L CH_3COONa 溶液；0.1 mol/L HCl 溶液；0.01 mol/L HCl 溶液；0.02 mol/L CH_3COOH 溶液等。

（2）实验仪器：721 型分光光度计、PHS-2 型 pH 计、100 mL 容量瓶、10 mL 移液管、100 mL 烧杯等。

四、实验步骤

（1）测定甲基红酸式（HMR）和碱式（MR^-）的最大吸收波长。

测定下述两种甲基红总浓度相等的溶液的光密度随波长的变化，即可找出最大吸收波长。

第一份溶液（A）：取 10 mL 标准甲基红溶液，加 10 mL 0.1 mol/L 的 HCl 溶液，稀释至 100 mL。此溶液的 pH 大约为 2，此时的甲基红以 HMR 存在。

第二份溶液（B）：取 10 mL 标准甲基红溶液，加 25 mL 0.04 mol/L CH_3COONa 溶液，稀释至 100 mL，此溶液的 pH 大约为 8，此时甲基红完全以 MR^- 存在。

取部分 A 液和 B 液分别放在两个 1 cm 的比色皿内，在 350～600 nm 波长处每隔 10 nm 测定它们相对于水的光密度（A、B 两液同时测定）。找出最大吸收波长 λ_A 和 λ_B。

（2）检验 HMR 和 MR^- 是否符合比耳定律，并测定它们在 λ_A、λ_B 下的摩尔吸光系数。

取部分 A 液和 B 液，分别各用 0.01 mol/L 的 HCl 和 CH_3COONa 稀释至原溶液的 0.75 倍、0.5 倍、0.25 倍及原溶液，为一系列待测液，在 λ_A、λ_B 下测定这些溶液相对于水的光密度。由光密度对溶液浓度作图，并计算两波长下甲基红 HMR 和 MR^- 的 $\alpha_{A,HMR}$、α_{A,MR^-} 和 $\alpha_{B,HMR}$、α_{B,MR^-}。

（3）求不同 pH 下 HMR 和 MR^- 的相对量。

在 4 个 100 mL 容量瓶中分别加入 10 mL 标准甲基红溶液、25 mL 0.04 mol/L 的 CH_3COONa 溶液，并分别加入 50 mL、25 mL、10 mL、5 mL 的 0.02 mol/L 的 CH_3COOH，然后用蒸馏水定容。

测定两波长下各溶液的光密度 A_A、A_B，用 pH 计测量 4 种溶液的 pH 值。

由于光密度是 HMR 和 MR^- 的总贡献，所以溶液中 HMR 和 MR^- 的相对量用式（2.22）和式（2.23）方程组求得。再代入式（2.19），可计算出甲基红的酸离解平衡常数 K。

五、实验结果

（1）作 A-λ 图，找出甲基红酸式（HMR）和碱式（MR^-）的最大吸收波长 λ_A 和 λ_B。

（2）由作图法求甲基红 HMR 和 MR^- 在 λ_A 和 λ_B 下的 $\alpha_{A,HMR}$、α_{A,MR^-}、$\alpha_{B,HMR}$、α_{B,MR^-}。

（3）计算甲基红离解平衡常数 K。

六、思考题

（1）在本实验中,温度对实验有何影响？采取什么措施可以减少这种影响？

（2）为什么要用相对浓度？为什么可以用相对浓度？

（3）在光密度测定中,应该怎样选择比色皿？

实验 6 络合物组成和稳定常数的测定

一、实验目的

(1)用分光光度法测定络合物的组成及稳定常数,并掌握其测定原理和方法。

(2)掌握 721 型分光光度计的使用。

二、实验原理

溶液中金属离子 M 和配位体 L 形成 ML_n 络合物。其反应式为

$$M + nL \Longrightarrow ML_n$$

当达到络合平衡时

$$K = \frac{[ML_n]}{[M][L]^n}$$

上式中,K 为络合物稳定常数;$[M]$ 为金属离子浓度;$[L]$ 为配位体浓度;$[ML_n]$ 为络合物浓度。

在维持金属离子和配位体浓度之和 $[M]+[L]$ 不变的条件下,改变 $[M]$ 和 $[L]$,则当 $[L]/[M]=n$ 时,络合物浓度达到最大。

如果有可见光某个波长区域,络合物 $[ML_n]$ 有强烈吸收,而金属离子 M 和配位体 L 几乎不吸收,则可用分光光度法测定络合物组成及稳定常数。

根据朗伯-比尔定律。入射光强 I_0 与透射光强 I 之间有下列关系

$$\ln \frac{I_0}{I} = \alpha l c$$

$$A = -\lg \frac{I}{I_0} = \alpha l c \tag{2.24}$$

式(2.24)中,A 称为光密度;α 称吸光系数,在溶质、溶剂及波长一定时 α 是常数;l 为溶液厚度;c 为样品浓度;$\frac{I}{I_0}$ 称透射比。

在维持 $[M]+[L]$ 不变的条件下,配制一系列溶液。测定 $[M]=0$,$[L]=0$ 及 $[L]/[M]$ 居中间数值的 3 种溶液的 $A-\lambda$ 数据,找出 $[L]/[M]$ 有最大吸收,而 $[M]$、$[L]$ 几乎不吸收的波长 λ 值,则该 λ 值接近于络合物 $[ML_n]$ 的最大吸收波长。然后固定在该波长下,测定一系列的 $[M]/([M]+[L])$ 组成溶液的光密度 A,作 $A-[M]/([M]+[L])$ 的曲线图,则曲线必定存在着极大值,而极大值所对应的溶液组成就是络合物的组成。但是由于金属离子 M 及配位体 L 实际存在着一定程度的吸收,因此,所观察到的光密度 A 并不是完全由络合物 ML_n 的吸收所引起,必须加以校正,其校正方法如下:

在光密度 $A-[M]/([M]+[L])$ 的曲线图上,过 $[M]=0$ 及 $[L]=0$ 的两点作直线 MN,则直线上所表示的不同组成的光密度数值可认为是由 $[M]$ 及 $[L]$ 的吸收所引起的。因此,校正

后的光密度 A' 应等于曲线上的光密度数值减去相应组成下直线上的光密度数值。即 $A' = A - A_{校}$。最后作校正后的光密度 A'-$[M]/([M] + [L])$ 的曲线,该曲线极大值所对应的组成才是络合物的实际组成。

设 x_M 为曲线极大值所对应的组成,即

$$x_M = \frac{[M]}{[M] + [L]} \tag{2.25}$$

则配位数为

$$n = \frac{[L]}{[M]} = \frac{1 - x_M}{x_M} \tag{2.26}$$

当络合物组成已经确定之后就可以根据下述方法确定络合物稳定常数:

设开始时金属离子 $[M]$ 和配位体 $[L]$ 的浓度分别为 a、b,而达到络合平衡时络合物的浓度为 c,则

$$K = \frac{c}{(a - c)(b - nc)^n} \tag{2.27}$$

由于光密度已经通过上述方法进行校正,因此可以认为校正后溶液光密度正比于络合物的浓度。如果在两个不同的 $[M]$+$[L]$ 总浓度下,作两条光密度对 $[M]/([M] + [L])$ 的曲线。在这两条曲线上找出光密度相同的两点,即在 A' 约为 0.3 处,作横轴的平行线 AB 交曲线于 C、D 两点,此两点所对应的溶液的络合物浓度 $[ML_n]$ 应相同。设对应于两条曲线的起始金属离子浓度 $[M]$ 及配位体浓度 $[L]$ 分别为 a_1、b_1;a_2、b_2。

$$K = \frac{c}{(a_1 - c)(b_1 - nc)^n} = \frac{c}{(a_2 - c)(b_2 - nc)^n} \tag{2.28}$$

解上述方程可得到 c,然后可计算络合物稳定常数 K。

三、实验试剂与仪器

(1)实验试剂:pH 为 4.6 缓冲溶液(每升溶液含有 100 g 醋酸铵及 100 mL 冰醋酸溶液);0.005 mol/L "试钛灵"溶液(1,2-二羟基苯-3,5-二磺酸钠);0.005 mol/L 硫酸铁铵溶液等。

(2)实验仪器:721 型分光光度计、PHS-2 型 pH 计、50 mL 容量瓶、100 mL 烧杯等。

四、实验步骤

(1)缓冲溶液的配制:按 1 L 溶液含有 100 g 醋酸铵及 100 mL 冰醋酸的方法配制醋酸-醋酸铵缓冲溶液 250 mL。

(2)待测样品的配制:用 0.005 mol/L 硫酸铁铵溶液和 0.005 mol/L "试钛灵"溶液。按表 2.1 制备 11 个待测溶液样品,然后依次将各样品加水稀释至 100 mL。

表 2.1　样品溶液的配制

溶液编号	1	2	3	4	5	6	7	8	9	10	11
Fe^{3+} 溶液/mL	0	1	2	3	4	5	6	7	8	9	10
"试钛灵"溶液/mL	10	9	8	7	6	5	4	3	2	1	0
缓冲溶液/mL	25	25	25	25	25	25	25	25	25	25	25

把 0.005 mol/L 硫酸铁铵溶液及 0.005 mol/L"试钛灵"溶液分别稀释至 0.002 5 mol/L，然后按上表制备第二组待测溶液样品。

（3）溶液 pH 值的测定：测定上述溶液 pH 值（选取其中任一样品即可，不必所有）。

（4）络合物的最大吸收波长 λ_m 的测定：用 1 cm 比色皿测络合物的最大吸收波长 λ_m。以蒸馏水为空白，用 6 号液测定其吸收曲线，即测定不同波长下的光密度 A，找出最大光密度所对应的波长 λ_m。在此波长下，1 号和 11 号溶液的光密度应接近于零。在每次改变波长时，必须重新调光度计的零点。

（5）样品溶液光密度的测定：测定第一组和第二组溶液在 λ_m 下的光密度。

五、实验结果

（1）作两组溶液的光密度 A-$[M]/([M]+[L])$ 的图。

（2）对 A 进行校正，求出各校正后的光密度 A'。

（3）作两组溶液的 A'-$[M]/([M]+[L])$ 图。

（4）从上图 $A' \approx 0.3$ 处，作平行线交两曲线于两点。作两点所对应的溶液组成（即求出 a_1、b_1、a_2、b_2 的值）。

（5）从 A'-$[M]/([M]+[L])$ 曲线的最高点所对应的 x_m，求出络合物的 n 值。

（6）根据 $K = \dfrac{c}{(a_1-c)(b_1-nc)^n} = \dfrac{c}{(a_2-c)(b_2-nc)^n}$ 求出 c 的数值。

（7）据式（2.27）计算络合物稳定常数 K。

六、思考题

（1）为什么只有作维持 $[M]+[L]$ 不变条件下改变 $[M]$ 及 $[L]$，使 $[L]/[M]=n$ 时络合物浓度才达到最大？

（2）在两个（$[M]+[L]$）总浓度下作出光密度 A 对 $[M]/([M]+[L])$ 的两条曲线，为什么在这两条曲线上光密度相同的两点所对应的络合物浓度相同？

（3）使用分光光度计时应注意什么？

（4）每次测定吸光度之前，为何要用空白液调整分光光度计？如何调整？

实验7　化学平衡常数及分配系数的测定

一、实验目的

（1）测定反应 $KI + I_2 \Longrightarrow KI_3$ 的平衡常数及碘在四氯化碳和水中的分配系数。

（2）了解分配系数，掌握平衡常数和分配系数测定方法。

二、实验原理

在定温定压下，碘和碘化钾在水溶液中建立如下平衡

$$KI + I_2 \Longrightarrow KI_3 \tag{2.29}$$

为了测定平衡常数，应在不扰动平衡状态的条件下，测定平衡组成。在本实验中，当上述平衡建立时，若用 $Na_2S_2O_3$ 标准溶液来滴定溶液中 I_2 的浓度，则随着 I_2 的消耗，平衡将向左移动，使 KI_3 继续分解，而最终只能测得溶液中 I_2 和 KI_3 的总量。为了解决这个问题，可在上述溶液中加入 CCl_4，然后充分振荡（KI 和 KI_3 不溶于 CCl_4），当温度和压力一定时，上述化学平衡及 I_2 在 CCl_4 层和 H_2O 层的分配平衡同时建立。测得 CCl_4 层中 I_2 的浓度，即可根据分配系数求得水层中 I_2 的浓度。

设水层中 KI_3+I_2 的总浓度为 b，KI 的初始浓度为 c，CCl_4 层 I_2 的浓度为 a'，I_2 在水层及 CCl_4 层的分配系数为 R，实验测得分配系数 R 及 CCl_4 层中 I_2 浓度 a' 后，则即可求水层 I_2 浓度 a。再根据已知条件及实验中测得的 b，即可计算出式（2.29）的实验平衡常数 K。

$$K = \frac{[KI_3]}{[KI][I_2]} = \frac{b-a}{[c-(b-a)]a} \tag{2.30}$$

K 是实验平衡常数，标准平衡常数 $K^{\ominus}$

$$K^{\ominus} = \frac{\dfrac{[KI_3]}{c^{\ominus}}}{\dfrac{[KI]}{c^{\ominus}} \dfrac{[I_2]}{c^{\ominus}}} \tag{2.31}$$

为了计算简化，用实验平衡常数 K 代替标准平衡常数 $K^{\ominus}$。

滴定反应：$I_2 + 2Na_2S_2O_3 \Longrightarrow Na_2S_4O_6 + 2NaI$

三、实验试剂与仪器

（1）实验试剂：$Na_2S_2O_3$（0.02 mol/L）标准溶液；KI（0.1 mol/L）标准溶液；CCl_4；I_2 的 CCl_4 饱和溶液；淀粉（质量分数为 1%）溶液等。

（2）实验仪器：恒温槽 1 套；碘量瓶（500 mL）3 个；移液管（100 mL）1 支；移液管（50 mL）3 支；移液管（10 mL）2 支；移液管（5 mL）2 支；烧杯（200 mL）1 个；锥形瓶（250 mL）4 个；碱式滴定管（50 mL）1 个；洗耳球 1 支；量筒（250 mL、50 mL、20 mL、10 mL）各 1 个。

四、实验步骤

（1）样液制备。

按实验数据记录表将溶液配于碘量瓶中。

（2）分配平衡操作。

将配好的溶液置于 25 ℃ 的恒温槽内，每隔 10 min 取出振荡一次，约经 1 h 达分配平衡后，按列表数据取样进行样品分析。

（3）样品分析。

分析水层时，用 $Na_2S_2O_3$ 滴至淡黄色，再加 1 mL 淀粉溶液作指示剂，然后仔细滴至蓝色恰好消失。

取 CCl_4 层时，用洗耳球使移液管尖端鼓泡通过水层进入 CCl_4 层，以免水进入移液管中。在锥形瓶中先加 5～10 mL 水和 3 滴淀粉溶液，然后将 CCl_4 层试样放入锥形瓶中。滴定过程中必须充分振荡，以使 CCl_4 层中的 I_2 进入水层（为使 I_2 迅速进入水层，滴定时可加入少量 KI 溶液）。小心地滴至水层蓝色消失，CCl_4 层不再出现红色。每组实验应平行测定 3 次取平均值。

CCl_4 是毒性较大的化学试剂，滴定后和未用完的 CCl_4 层样品应全部倒入回收瓶中，不得倒入水池或废液桶内。

五、注意事项

（1）I_2 在 CCl_4 层和 H_2O 层浓度的准确测定是本实验的关键，其分配系数 R 是由 1 号样品 I_2 在两相中达分配平衡时，各相浓度之比求出，即

$$R = \frac{\left[I_2 \right]_{H_2O}}{\left[I_2 \right]_{CCl_4}}$$

（2）本实验得出的实验平衡常数 $K = \dfrac{K_1 + K_2}{2}$。

六、实验结果

实验数据记录如表 2.2 所示。

七、思考题

（1）配 1、2、3 号各溶液进行实验的目的何在？根据你的实验结果判断反应是否已达平衡。

（2）测定 CCl_4 层中的碘浓度时，应注意什么？

（3）测定平衡常数及分配系数为什么要求恒温？

（4）配制溶液时，哪些试剂需要准确计量其体积，为什么？

表 2.2 **实验数据记录表**

实验编号			1	2	3
混合液组成/mL		H_2O	200	50	0
		I_2 的 CCl_4 饱和溶液	25	20	25
		KI 溶液	0	50	100
		CCl_4	0	5	0
分析取样体积/mL		CCl_4 层	5	5	5
		H_2O 层	50	10	10
滴定时消耗 $Na_2S_2O_3$/mL	CCl_4 层	V_1			
		V_2			
		V_3			
		平均			
	H_2O 层	V_1			
		V_2			
		V_3			
		平均			
$R=$				$K_1=$	$K_2=$
				$K=$	

第 **3** 章

化学动力学

化学动力学是研究各种可测因素对反应速率的影响规律的一门科学分支。化学动力学实验主要是从系统的宏观变量如浓度、温度、压力等出发,研究化学反应的速率,建立反应动力学方程,其中包括若干特征参数,如反应级数、速率系数、阿伦尼乌斯活化能、指前因子等,而这些特征参数对于化工生产工艺条件的选择和确定,各种类型反应器的设计是不可缺少的。借助于化学动力学实验,可以预测、筛选并获得有经济价值的反应速率的工艺条件;可以了解并掌握如何避免危险品的爆炸、材料的腐蚀与老化等方面的知识。

在化学动力学的研究中,化学反应机理的确定需要通过大量动力学实验来获得动力学数据,并探明出各种因素对化学反应速率的影响规律,最终才能较好地完成,即化学动力学实验在化学动力学理论的形成和发展过程中起着重要的作用。

化学反应按物质所处状态,有催化或非催化的均相(气相或液相)与多相反应之分;按反应器类型或操作方式,有封闭式(间歇式反应器)与敞开式(连续式反应器)之分;按实验方法,有恒温与非恒温化学反应动力学实验。需指出,从根本上而言,所有形式的动力学实验的实测量是浓度、温度、时间 3 个物理量的同时测量。

动力学实验的数据处理方法主要有积分法、微分法、半衰期法 3 种。

本章介绍不同类型的动力学实验,其中有一级反应和二级反应,有催化反应与非催化反应,支链反应与化学振荡反应,其动力学数据的测量均采用物理化学分析法,涉及体积、压力、旋光度、电导率、电动势等物理量的测量。本章实验要求掌握化学动力学实验的原理及基本测量方法,分析处理所得实验数据,建立动力学方程;讨论误差的来源及影响实验结果的主要因素。

实验1　乙酸乙酯皂化反应的速率常数及活化能

一、实验目的

(1)通过电导法测定乙酸乙酯皂化反应的速率常数。
(2)求乙酸乙酯皂化反应的活化能。
(3)进一步理解二级反应的特点。
(4)掌握电导率仪的使用方法。

二、实验原理

乙酸乙酯皂化反应是个二级反应。其反应为

$$CH_3COOC_2H_5 \ + \ OH^- \ \longrightarrow \ CH_3COO^- \ + \ C_2H_5OH$$

设 $t=0$ 时　　　c_0　　　　　c_0　　　　　　0　　　　　0
　$t=t$ 时　　　(c_0-x)　　　(c_0-x)　　　　x　　　　　x
　$t\to\infty$ 时　　　0　　　　　0　　　　$x\to c_0$　　　$x\to c_0$

其速率方程式可表示为

$$\frac{\mathrm{d}x}{\mathrm{d}t} = k(c_0 - x)^2$$

上式中,c_0 为反应物的初始浓度;x 为 t 时刻生成物的浓度;k 为二级反应的速率常数。
积分得

$$k = \frac{1}{t}\frac{x}{c_0(c_0 - x)} \tag{3.1}$$

以 $\frac{x}{c_0-x}$ 对 t 作图,若所得为一条直线,则证明是二级反应,并可以从直线的斜率求出 k。

乙酸乙酯皂化反应中,参加导电的离子有 OH^-、Na^+ 和 CH_3COO^-;考虑反应系统为极稀的水溶液,可认为 CH_3COONa 全部电离。反应前后 Na^+ 的浓度不变,随着反应的进行,仅仅是导电能力很强的 OH^- 逐渐被导电能力弱的 CH_3COO^- 所取代,致使溶液的电导逐渐减小。因此,可用电导率仪测量皂化反应进程中电导率随时间的变化,达到"跟踪"反应物浓度随时间变化的目的。

令 G_0 为 $t=0$ 时溶液的电导,G_t 为时间 t 时混合溶液的电导,G_∞ 为 $t=\infty$(反应完毕)时溶液的电导,则稀溶液中,电导值的减少量与 CH_3COO^- 浓度成正比,设 K 为比例常数,
则　$t=t$ 时　　　　　　$x=x$　　　　$x=K(G_0-G_t)$
$t=\infty$ 时,x 趋近 c_0,则

$$c_0 = K(G_0 - G_\infty)$$
$$c_0 - x = K(G_t - G_\infty)$$

将 x 和 c_0-x 代入式(3.1),整理后得

$$G_t = \frac{1}{c_0 k} \cdot \frac{G_0 - G_t}{t} + G_\infty \tag{3.2}$$

因此,只要测得不同时间溶液的电导值 G_t 和起始溶液的电导值 G_0,然后以 G_t 对 $\dfrac{G_0 - G_t}{t}$ 作图应得一直线,直线的斜率为 $\dfrac{1}{c_0 k}$,即可求出某温度下的反应速率常数 k 值。

由电导与电导率的关系式: $G = k \dfrac{A}{l}$ 代入式(3.2)得

$$\kappa_t = \frac{1}{c_0 k} \cdot \frac{\kappa_0 - \kappa_t}{t} + \kappa_\infty \tag{3.3}$$

通过实验测定不同时间溶液的电导率 κ_t 和起始溶液的电导率 κ_0,然后以 κ_t 对 $\dfrac{\kappa_0 - \kappa_t}{t}$ 作图为一直线,由直线的斜率即可求出反应速率常数 k,再由两个不同温度下测得的速率常数 k_{T_1}、k_{T_2},按阿伦尼乌斯公式可以计算出该反应的活化能 E_a:

$$E_a = R \left(\frac{T_2 T_1}{T_2 - T_1} \right) \ln \frac{k_{T_2}}{k_{T_1}} \tag{3.4}$$

三、实验试剂与仪器

(1)实验试剂:0.020 0 mol/L 的 NaOH 溶液;0.020 0 mol/L 的乙酸乙酯溶液;电导水等。
(2)实验仪器:电导率仪(附 DJS-1 型铂黑电极);恒温水浴;10 mL 移液管;电导池等。

四、实验步骤

(1)调节恒温槽。
将恒温槽的温度调至 (30.0 ± 0.1) ℃。
(2)调节电导率仪。
(3)溶液起始电导率 κ_0 的测定。
用移液管分别取 10 mL 0.020 0 mol/L 的 NaOH 溶液和同数量的电导水,加到洁净干燥的叉型管电导池中混合均匀后,倒出少量溶液洗涤电极,恒温约 10 min,并轻轻摇动数次,然后将电极插入溶液,测定溶液电导率,直至不变为止,此数值即为 κ_0。
(4)反应时电导率 κ_t 的测定。
在叉型电导池的直支管中用移液管移取 10 mL 0.020 0 mol/L 的 $CH_3COOC_2H_5$ 溶液,侧支管中用另一只移液管取 10 mL 0.020 0 mol/L 的 NaOH 溶液,把洗净的电极插入直支管中,恒温 10 min,在恒温槽中将"叉型"电导池中溶液混合均匀,同时按下"计时"键开始计时,当反应进行到 4 min 时,测定溶液的电导率 κ_t,并在 6 min、8 min、10 min、12 min、15 min、20 min、25 min、30 min、35 min、40 min 时各测电导率一次,记下 κ_t 和对应的时间 t。
(5)另一温度下 κ_0 和 κ_t 的测定。
调节恒温槽温度为 (40.0 ± 0.1) ℃。重复上述(3)、(4)步骤,测定另一温度下的 κ_0 和 κ_t。但在测定 κ_t 时,按反应进行 4 min、6 min、8 min、10 min、12 min、15 min、18 min、21 min、24 min、27 min、30 min 时测其电导率。实验结束后,关闭电源,取出电极,用电导水洗净并置于电导水

中保存待用。

五、实验结果

温度：_____ ℃　　　　κ_0：_____ S/m

（1）分别列出两个温度下不同时间 t 的 κ_t 及 $\dfrac{\kappa_0-\kappa_t}{t}$。

（2）分别以两个温度下的 κ_t 对 $\dfrac{\kappa_0-\kappa_t}{t}$ 作图得两直线，由直线斜率可分别求出两个温度下的反应速率常数 k_{T_1} 和 k_{T_2}。

（3）按阿伦尼乌斯公式可以计算出该反应的活化能 E_a。

六、思考题

（1）为何本实验要在恒温条件下进行，而且乙酸乙酯和氢氧化钠溶液在混合前还要预先加热？

（2）反应级数只能通过实验来确定，如何从实验结果来验证乙酸乙酯皂化反应为二级反应？

（3）如果氢氧化钠和乙酸乙酯溶液均为浓溶液，能否用此方法求 k 值？为什么？

实验 2　蔗糖水解反应速率常数的测定

一、实验目的

（1）根据物质的光学性质，用测旋光度的方法测定蔗糖水溶液在酸催化作用下的反应速率常数和半衰期。

（2）了解该反应的反应物浓度与旋光度之间的关系及一级反应的动力学特征。

（3）了解旋光仪的基本原理，掌握其使用方法及在化学反应动力学测定中的应用。

二、实验原理

蔗糖在水中水解成葡萄糖与果糖的反应为

$$C_{12}H_{22}O_{11} + H_2O \xrightarrow{\ H^+\ } C_6H_{12}O_6 + C_6H_{12}O_6$$
$$\text{（蔗糖）} \qquad\qquad \text{（葡萄糖）（果糖）}$$

它是一个二级反应，在纯水中此反应的速率极慢，通常需要在 H^+ 催化作用下进行。由于反应时水是大量存在的，尽管有部分水分子参加了反应，仍可近似地认为整个反应过程中水的浓度是恒定的，而且 H^+ 是催化剂，其浓度也保持不变。因此，蔗糖水解反应可视为一级反应。

一级反应的速率方程为

$$-\frac{\mathrm{d}c}{\mathrm{d}t} = kc \tag{3.5}$$

式（3.5）中，c 为时间 t 时反应物的浓度；k 为反应速率常数。对式（3.5）积分可得

$$\ln c = -kt + \ln c_0 \tag{3.6}$$

式（3.6）中，c_0 为反应开始时反应物的浓度。当 $c = \frac{1}{2}c_0$ 时，反应所需的时间可用 $t_{1/2}$ 表示，即反应半衰期

$$t_{1/2} = \frac{\ln 2}{k} = \frac{0.693}{k} \tag{3.7}$$

从式（3.6）可看出，在不同时间测定反应物的相应浓度，并以 $\ln c$ 对 t 作图，可得一直线，由直线斜率即可求得反应速率常数 k。然而反应在不断进行，要快速分析出反应物的浓度比较困难，但与反应物和产物浓度有定量关系的某些物理量（如物质的旋光度）却很容易快速测出，因此可通过物理量的测量来代替浓度的测量。因蔗糖及其水解产物葡萄糖和果糖都含不对称的碳原子，都具有旋光性，但旋光能力不同，故可利用体系在反应过程中旋光度的变化来度量反应过程。

测量物质旋光度的仪器称为旋光仪。溶液的旋光度与溶液中所含旋光物质的旋光能力、溶剂性质、溶液浓度、样品管长度、光源波长及温度等均有关系。当其他条件固定时，旋光度 α 与反应物浓度 c 成线性关系，即

$$\alpha = \beta c \tag{3.8}$$

式(3.8)中,比例常数 β 与物质的旋光能力、溶剂性质、样品管长度、温度等有关。当波长、溶剂及温度一定时,溶液的旋光度与浓度、样品长度成正比,即

$$\alpha = [\alpha]_D^{20} \frac{lc}{100} \tag{3.9}$$

式(3.9)中,比例常数称为比旋光度,可用来度量物质的旋光能力,右上角的"20"表示实验时温度为 20 ℃,D 是指钠灯光源 D 线的波长(589 nm);l 为样品管长度(dm);c 为浓度(g/100 mL)。

反应物蔗糖为右旋物质,比旋光度 $[\alpha]_D^{20} = 66.65°$;生成物中葡萄糖也是右旋物质,$[\alpha]_D^{20} = 52.5°$;果糖是左旋物质,$[\alpha]_D^{20} = -91.9°$。由于蔗糖的水解能进行到底,并且果糖的左旋远大于葡萄糖的右旋,因此随着反应进行,系统的右旋角不断减小,反应至某一瞬间,系统的旋光度可恰好等于零,而后就变成左旋,直至蔗糖水解完全,这时左旋角达到最大值 α_∞。故可以利用系统在反应进程中旋光度的变化来度量反应的进程。

设系统最初的旋光度为

$$\alpha_0 = \beta_{反} c_0 \quad (t=0, 蔗糖尚未水解) \tag{3.10}$$

系统最终的旋光度为

$$\alpha_\infty = \beta_{产} c_0 \quad (t=\infty, 蔗糖已完全水解) \tag{3.11}$$

式(3.10)和式(3.11)中,$\beta_{反}$ 和 $\beta_{产}$ 分别为反应物与产物的比例常数。

当时间为 t 时,蔗糖浓度为 c,此时旋光度为 α_t,即

$$\alpha_t = \beta_{反} c + \beta_{产}(c_0 - c) \tag{3.12}$$

由式(3.10)、式(3.11)和式(3.12)联立可解得

$$c_0 = \frac{\alpha_0 - \alpha_\infty}{\beta_{反} c - \beta_{产}} = \beta'(\alpha_0 - \alpha_\infty) \tag{3.13}$$

$$c = \frac{\alpha_t - \alpha_\infty}{\beta_{反} c - \beta_{产}} = \beta'(\alpha_t - \alpha_\infty) \tag{3.14}$$

将式(3.13)和式(3.14)代入式(3.6)即得

$$\ln(\alpha_t - \alpha_\infty) = -kt + \ln(\alpha_0 - \alpha_\infty) \tag{3.15}$$

本实验就是用旋光仪测定蔗糖水解过程中的 α_t、α_∞ 值。由式(3.15)可以看出如以 $\ln(\alpha_t - \alpha_\infty)$ 对 t 作图可得一直线,由直线的斜率即可求得反应速率常数 k,由截距可得到 α_0。

三、实验试剂与仪器

(1)实验试剂:4 mol/L HCl 溶液;蔗糖(A·R)等。

(2)实验仪器:XG-4 圆盘旋光仪;50 mL 容量瓶;100 mL 锥形瓶;25 mL 移液管;100 mL 烧杯等。

四、实验步骤

(1)仪器装置。

(2)旋光仪的零点校正。

蒸馏水为非旋光物质,可以用来校正旋光仪的零点(即 $\alpha = 0$ 时仪器对应的刻度)。校正时,先洗净样品管,将管的一端加上盖子,并由另一端向管内灌满蒸馏水,在上面形成一凸面,然后盖上玻璃片和套盖,玻璃片紧贴于旋光管,此时管内不应该有气泡存在。但必须注意在旋紧套盖时,一手握住管上的金属鼓轮,另一手旋套盖,不能用力过猛,以免玻璃片压碎。然后用滤纸将管外的水擦干,再用擦镜纸将样品管两端的玻璃片擦净,放入旋光仪的光路中。打开旋光仪电源开关,调节目镜使视野清晰,然后旋转检偏镜,使整个视野的光亮度一致时,作为读数点(注意:在暗视野下进行测定)。记下刻度盘读数。重复操作 3 次,取其平均值,此即为旋光仪的零点。

(3)蔗糖水解过程中 α_t 的测定。

在小烧杯内称取 10 g 蔗糖,用少量蒸馏水溶解,使蔗糖完全溶解(若溶液混浊,则需要过滤),转入 50 mL 容量瓶中,稀释至刻度。用移液管移取 25 mL 蔗糖溶液注入 100 mL 干燥的锥形瓶中,再用另一支移液管移取 25 mL 4mol/L HCl 溶液加入到该锥形瓶中,并在 HCl 溶液加入一半时开始记时作为反应的开始时刻,不断振荡摇匀,迅速取少量混合液清洗旋光管两次,然后以此混合液注满旋光管,盖好玻璃片旋紧套盖(检查是否漏气,有气泡),擦净旋光管及两端玻璃片,立刻置于旋光仪中盖上槽盖。测量各时间 t 时溶液的旋光度 α_t,测定时要迅速准确。当整个视野的光亮度一致时,先记下时间再读取旋光度数值。时间间隔为 5 min、10 min、15 min、20 min、30 min、40 min、50 min、60 min……直至旋光度为负值为止。并记录实验温度(室温)。

(4) α_∞ 的测定。

为了得到反应终了时的旋光度 α_∞,将步骤(3)中的混合液保留好,48 h 后重新恒温观测其旋光度,此值即为 α_∞。也可将剩余的混合液置于 50~60 ℃ 的水浴中温热 40 min,以加速水解反应,然后冷却至实验温度。按上述操作,测其旋光度,在 10~15 min 内,读取 5~7 个数据,如在测量误差范围,取其平均值,即为 α_∞ 值。

五、注意事项

(1)注意保护钠光灯,测到 30 min 后,每次测量间隔时应将钠光灯熄灭,下次测量前 5 min 再打开钠光灯。

(2)反应速度与温度有关,因此在整个测量过程中应保持温度的恒定。为防止旋光仪发热而影响旋光管内反应系统的温度,最好每次测定后,将旋光管移出旋光仪。

(3)在测量蔗糖水解速率前,应熟练地使用旋光仪,以保证在测量时能准确地读数。

(4)旋光管管盖旋紧至不漏水即可,太紧容易损坏旋光管。旋光管管中不能有气泡存在。

(5)实验完毕,一定要将旋光管清洗干净,以免酸对旋光管的腐蚀。

六、实验结果

(1)将不同时间 t 的 α_t、$(\alpha_t - \alpha_\infty)$、$\ln(\alpha_t - \alpha_\infty)$ 等数值列表表示。

(2)以 $\ln(\alpha_t - \alpha_\infty)$ 对 t 作图,由所得直线之斜率求 k 值,由截距求 α_0。

(3)计算蔗糖水解反应的半衰期。

七、思考题

（1）蔗糖水解反应的速率与哪些因素有关？其反应速率常数又与哪些因素有关？

（2）配置蔗糖溶液时称量不够准确，对测量结果是否有影响？

（3）在混合蔗糖溶液和盐酸溶液时，是将盐酸加到蔗糖溶液里去，可否将蔗糖溶液加到盐酸溶液中去？为什么？

（4）实验中，用蒸馏水来校正旋光仪的零点，试问在蔗糖水解反应过程中所测的旋光度 α_t，是否必须要进行零点校正？

（5）在测量蔗糖盐酸水溶液时刻 t 对应的旋光度 α_t 时，能否像测纯水的旋光度那样，重复测 3 次后，取平均值？

实验 3　丙酮碘化反应速率常数的测定

一、实验目的

(1)利用分光光度计测定酸催化时丙酮碘化反应的反应级数、速率常数及活化能。

(2)进一步掌握分光光度计的使用方法。

二、实验原理

酸催化的丙酮碘化反应是一个复杂反应,反应的初始阶段为

$$CH_3COCH_3 + I_2 \xrightarrow{H^+} CH_3COCH_2I + H^+ + I^-$$

H^+ 离子是反应的催化剂,因丙酮碘化反应本身有 H^+ 生成,所以这是一个自动催化反应。又因反应并不停留在生成一元碘化丙酮上,反应还继续下去,所以应选择适当的反应条件测定初始阶段的反应速度。其速度方程可表示为

$$\frac{dc_E}{d_t} = \frac{-dc_A}{d_t} = \frac{-dc_{I_2}}{d_t} = kc_A^p c_{I_2}^q c_{H^+}^r \tag{3.16}$$

式中:c_E、c_A、c_{I_2}、c_{H^+} 分别为碘化丙酮、丙酮、碘、盐酸的浓度(单位:mol/L);k 为速率常数,p、q、r 分别为丙酮、碘和氢离子的反应级数。

如反应物碘是少量的,而丙酮和酸对碘是过量的,则反应在碘完全消耗以前,丙酮和酸的浓度可认为基本保持不变,此时只发生碘的一取代反应。实验证实在酸的浓度较低和碘的量较少的实验条件下丙酮碘化反应对碘是零级反应,即 q 为零。由于反应速度与碘浓度的大小无关(除非在很高的酸度下),因而反应直到碘全部消耗之前,反应速度将是常数。即

$$v = \frac{dc_E}{d_t} = kc_A^p c_{H^+}^r = 常数 \tag{3.17}$$

对上式积分后可得

$$c_E = kc_A^p c_{H^+}^r \ t + C \tag{3.18}$$

式(3.18)中,C 是积分常数。由于 $\frac{dc_E}{d_t} = \frac{-dc_{I_2}}{d_t}$,所以可由 c_{I_2} 的变化求得 c_E 的变化,并可由 c_{I_2} 对时间 t 作图,求得反应速度。

因碘溶液在可见光区 500 nm 处对光有较强的吸收,而在此波长处盐酸、丙酮、碘化丙酮和碘化钾溶液几乎没有吸收,所以可采用分光光度法直接跟踪碘浓度的变化,从而测量反应的进程。

按朗伯比尔定律,在一定波长下,光密度 A 与碘浓度 c_{I_2} 有

$$A = \alpha l c_{I_2}$$

又有

$$A = -\lg \frac{I}{I_0} = -\lg T \tag{3.19}$$

式(3.19)中,I_0 为入射光强度,可采用通过蒸馏水后的光强;I 为透过光强度,即通过碘溶液后的光强;l 为溶液厚度;α 为吸光系数;T 为透光率。对同一比色皿 l 为定值,式中 αl 可通过对已知浓度的碘溶液的测量来求得。将通过蒸馏水时的光强定为透光率100,然后测量通过溶液时透光率 T,则有

$$\alpha l = \frac{\lg 100 - \lg T}{c_{I_2}} \qquad (3.20)$$

进一步整理后得

$$\lg T = k(\alpha l)c_A^p c_{H^+}^r t + B \qquad (3.21)$$

由式(3.21)可知,$\lg T$ 对时间 t 作图,通过其斜率 m 可求得反应速度。即

$$m = k(\alpha l)c_A^p c_{H^+}^r$$

$$\upsilon = \frac{m}{\alpha l}$$

为了确定反应级数 p,至少需进行两次实验,用脚注数字分别表示各次实验。当丙酮初始浓度不同,而氢离子、碘的初始浓度分别相同时,即

$c_{A_2} = u c_{A_1}$, $c_{I_2^2} = c_{I_2^1}$, $c_{H_2^+} = c_{H_1^+}$ 则有

$$\frac{\upsilon_2}{\upsilon_1} = \frac{kc_{A_2}^p c_{I_2}^q c_{H_2^+}^r}{kc_{A_1}^p c_{I_2}^q c_{H_1^+}^r} = \frac{kc_{A_2}^p}{kc_{A_1}^p} = u^p \qquad (3.22)$$

$$\lg \frac{\upsilon_2}{\upsilon_1} = p \lg u \qquad (3.23)$$

$$p = \frac{\lg \dfrac{\upsilon_2}{\upsilon_1}}{\lg u} \qquad (3.24)$$

同理,当丙酮、碘的初始浓度分别相同而酸的浓度不同时,即

$c_{A_3} = u c_{A_1}$, $c_{I_2^3} = c_{I_2^1}$, $c_{H_3^+} = c_{H_1^+}$, 则有

$$r = \frac{\lg \dfrac{\upsilon_3}{\upsilon_1}}{\lg w} \qquad (3.25)$$

又,$c_{A_4} = c_{A_1}$, $c_{H_4^+} = c_{H_1^+}$, $c_{I_2^4} = x c_{I_2^1}$, 则有

$$q = \frac{\lg \dfrac{\upsilon_4}{\upsilon_1}}{\lg x} \qquad (3.26)$$

从而做4次实验,可求得反应级数 p、r、q。

由两个温度的反应速率常数 k_1 与 k_2,据阿伦尼乌斯关系式可以估算反应的活化能:

$$E = 2.303R \frac{T_1 T_2}{T_2 - T_1} \lg \frac{k_2}{k_1} \qquad (3.27)$$

三、实验试剂与仪器

(1)实验试剂:0.01 mol/L 的标准碘溶液(含 2% KI);1 mol/L 的标准 HCl 溶液;2 mol/L

的标准丙酮溶液等。

(2)实验仪器:721 型分光光度计;超级恒温槽;50 mL 容量瓶;移液管(5 mL、10 mL)等。

四、实验步骤

(1)调节分光光度计。

将分光光度计波长调到 500 mm 处,然后将恒温用的恒温夹套接恒温槽输出的恒温水,并放入暗箱中,把恒温槽调到 25 ℃。

(2)"0"点和"100"点的调节。

将装有蒸馏水的比色皿(光径长为 10 mm 或 20 mm)放到恒温夹套内。将样品室盖打开,调节零位调节器,准确调到透光率为零。然后盖上样品室盖,调节光量调节器使透光率为"100"。反复调整"0"点和"100"点。

(3)αl 值的测定。

在 50 mL 容量瓶中配制 0.001 mol/L 碘溶液。用少量的碘溶液洗比色皿两次,再注入 0.001 mol/L 碘溶液,测其透光率 T,更换碘溶液再重复测定两次取其平均值,求 αl 值。

(4)丙酮碘化反应的速率常数的测定。

用移液管分别吸取 0.01 mol/L 标准碘溶液 10 mL、10 mL、10 mL、5 mL。注入已编号(1—4 号)的 4 只干净的 50 mL 容量瓶中,分别向 1—4 号容量瓶内加入 1 mol/L 的标准 HCl 溶液 5 mL、5 mL、10 mL、5 mL,再分别注入适量的蒸馏水盖上瓶盖,置于恒温槽中恒温。再取 50 mL 干净的容量瓶,取少量 2 mol/L 标准丙酮溶液清洗两次,然后注入约 50 mL 标准丙酮溶液,置于恒温槽中恒温。再取 50 mL 干净的容量瓶装满蒸馏水置于恒温槽中恒温。恒温 10~15 min 后,用移液管取已恒温的丙酮溶液 10 mL 迅速加入 1 号容量瓶,当丙酮溶液加到一半时开动停表记时。用已恒温的蒸馏水将此混合液稀释至刻度,迅速摇匀,用此混合溶液将干净的比色皿清洗多次,然后把此溶液注入比色皿,测定不同时间的透光率。每隔 2 min 测定一次,直到取得 10~12 个数据为止。在测定过程中用蒸馏水多次校正透光率"0"点和"100"点。

然后用移液管分别取 5 mL、10 mL、10 mL 的标准丙酮溶液(已恒温的),分别注入 2 号、3 号、4 号容量瓶,用上述方法分别测定不同浓度的溶液在不同时间的透光率。每个样品测量前都需对分光光度计作空白校正。

上述溶液的配制如表 3.1 所示。

表 3.1　溶液浓度配制表

容量瓶号	标准碘溶液/mL	标准 HCl 溶液/mL	标准丙酮溶液/mL	蒸馏水/mL
1	10	5	10	25
2	10	5	5	30
3	10	10	10	20
4	5	5	10	30

在 35 ℃下,重复上述实验。由于级数已经确定,取两个不同的条件测定,以获取 35 ℃的 k 的平均值。但在 35 ℃下测定时记录间隔设置为 1 min。

五、注意事项

(1)溶液的酸度应较低,碘的浓度较小。

(2)c_{H^+}、c_{I_2} 的配制要准确。

(3)溶液的混合及装入比色皿要迅速进行。

(4)在实验过程中温度应保持恒定。

六、实验结果

恒温温度:

(1)αl 值的计算。

(2)表格列出混合液的 t、T、$\lg T$。

(3)计算混合溶液的丙酮、盐酸、碘的浓度。

(4)用表中数据作 $\lg T$-t 图,求出斜率 m。

(5)计算反应分级数。

(6)计算反应速率常数 k 值(令 $p=r=1$,$q=0$)。

(7)利用 25 ℃及 35 ℃的 k 值,计算丙酮碘化反应的活化能 E_a。

七、思考题

(1)在本实验中将丙酮溶液加入含有碘、盐酸的容量瓶时并不立即开始计时,而注入比色皿时才开始计时,这样做是否可以?为什么?

(2)影响本实验结果精确度的主要因素有哪些?

实验 4　一氧化碳催化氧化反应动力学参数的测定

一、实验目的

测定一氧化碳催化氧化反应动力学参数,掌握真空获得与测量的技术以及等容下气相反应动力学实验数据的处理方法。

二、实验原理

在半导体氧化物(NiO)作为催化剂的条件下,一氧化碳与氧气在一定温度下可发生如下氧化反应

$$CO + \frac{1}{2}O_2 \longrightarrow CO_2$$

在等温等容下,此气相反应过程中各物质的量的变化,可以通过跟踪测量系统压力的变化来表示。实验表明,此反应速率对 CO 的分压 p_{CO} 是一级反应,与 O_2 及 CO_2 的分压无关。反应速率可表示为

$$-\frac{dp_{CO}}{dt} = k_{CO}p_{CO} \tag{3.28}$$

在反应气中,设 CO 的初始分压为 $p_{0,CO}$;当反应时间为 t 时,CO 的分压为 p_{CO}。将式(3.28)变量分离,积分后可得

$$\ln p_{CO} = \ln p_{0,CO} - k_{CO}t \tag{3.29}$$

但在实验过程中,测定的压力都是总压 p(如 $t=0$ 时,$p=p_0$;时间为 t 时,$p=p_t$)。所以,应用式(3.29)必须找到系统总压与 CO 分压之间的关系。设 V 为反应器的体积,x 为 t 时刻消耗掉氧的量。若反应气体均为理想气体,根据反应计量方程式,在反应开始时,控制 CO 与 O_2 物质的量之比为 2∶1 的条件下,则系统总压与 CO 分压之间的关系如表 3.2 所示。

表 3.2　系统总压与 CO 分压之间的关系

反应时间	系统总压	CO 分压
0	$p_0 = \dfrac{3}{V}RT$	$p_{0,CO} = \dfrac{2}{V}RT$
t	$p_t = \dfrac{3-x}{V}RT$	$p_{0,CO} = \dfrac{2-2x}{V}RT$

所以 $p_{CO} = \dfrac{2-2x}{V}RT = \dfrac{6p_t - 4p_0}{3}$

代入式(3.29),得

$$\ln \frac{6p_t - 4p_0}{3} = \ln p_{0,CO} - k_{CO}t \tag{3.30}$$

显然,用 $\ln\dfrac{6p_i-4p_0}{3}$ 对 t 作图应得一直线,从其斜率即可求得反应速率系数 k_{CO}。若测得不同温度下的 k_{CO} 值,按阿伦尼乌斯方程,用作图法便可求得反应的表观活化能 E_a。

三、实验试剂与仪器

(1)实验试剂。

①一氧化碳:将甲酸滴加于约为 50 ℃的浓硫酸中,甲酸脱水即得 CO 气体。经分子筛等净化后收集于球胆之中备用。

②氧气:由氧气钢瓶提供或由高锰酸钾热分解而得,收集于球胆之中备用。

③氧化镍催化剂:将 $Ni(NO_3)_2$ 置于烘箱中在 120 ℃下干燥 4 h 后,在通风橱内加热到 300 ℃左右,使之部分分解。然后将留下的黑色粉末研磨,用压片机成型为直径 12 mm、厚度 3 mm 的薄片[(其中尚未分解的 $Ni(NO_3)_2$]充当黏结剂使用)。随后将此薄片置于箱形电炉中逐步加热到 850 ℃,并保温 2 h,即得到浅绿色的 NiO 催化剂。最后将其置于干燥器中备用。

(2)实验仪器。

实验仪器如图 3.1 所示。

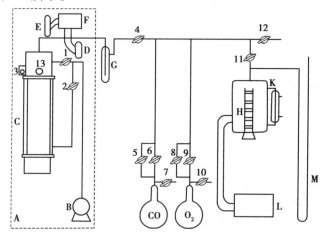

图 3.1 　一氧化碳催化氧化实验装置

A—JK-100 型真空机组;B—机械真空泵;C—油扩散泵;

D—热偶规;E—电离规;F—SG-3 型复合真空计;G—冷阱;

H—反应器;K—冷凝管;L—DWT702 型控温仪;M—U 形汞压力计;

1、2—真空蝶阀;3—真空阀门;4~12—真空活塞;13—开关

四、实验步骤

(1)在反应器中放置 6~8 片催化剂,调节控温与测温热电偶的位置,接通反应器冷凝管中的冷却水。然后,按控温仪的操作要求控制反应器内温度为 220 ℃。

(2)按真空机组的操作步骤,将整个系统抽到 1.3×10^{-2} Pa(相当于 1×10^{-4} mmHg),关闭活塞 4、5、6、8、9。

(3)通过活塞 7、10,在两储气球中分别输入 CO 和 O_2。调节活塞 5,将 CO 充入反应器,

直到压力为 1.33×10^4 Pa（相当于 100 mmHg）。然后关闭活塞 11、5 及阀门 3、2，打开活塞 4，将管路中多余的 CO 抽走。待系统压力达到 1.33 Pa（相当于 1×10^{-2} mmHg）后再打开阀门 3、2，直到压力为 1.33×10^{-2} Pa。关闭活塞 4，如上通过活塞 8 将 O_2 充入反应器。按反应计量方程式要求，O_2 输入的分压应为 6.67×10^3 Pa（相当于 50 mmHg），在 O_2 输入使系统压力增加至 3.34 Pa 时，即开始计时，令此时 $t=0$。

（4）每隔 60 s 记录一次 U 形压力计上的读数（随着反应的进行，测量的时间间隔可适当延长），得到一组反应系统总压（p_t）与时间（t）的对应数据。

（5）升高反应温度，分别在 230 ℃、240 ℃、250 ℃下重复上述各操作步骤。

（6）实验结束，按真空机组操作要求停机。

五、数据处理

（1）将实验各测量值列表，按式（3.30）作图，求不同温度下的反应速率系数。

（2）根据阿伦尼乌斯方程，用作图法求反应的表观活化能。

六、思考题

（1）装置一套高真空系统需要哪些仪器设备？

（2）在实验步骤（3）中，CO 输入系统后要从管路中抽去，为什么要先关闭阀门 2、3，再打开活塞 4？

（3）为什么测温热电偶不宜同时作为控温热电偶之用？控温热电偶应安置于何处为宜？

（4）若按式（3.30）作图，得到一条非严格的直线，试分析原因何在。

实验 5　甲酸液相氧化反应动力学方程式的建立

一、实验目的

（1）用电动势法测定甲酸氧化反应的动力学。

（2）掌握过量浓度法测定反应级数、反应速率系数与表观活化能。

二、实验原理

在水溶液中甲酸被溴氧化的反应方程式如下：

$$HCOOH + Br_2 \longrightarrow 2H^+ + 2Br^- + CO_2$$

由于 CO_2 在酸性溶液中溶解度很小，且达到恒定的饱和浓度，所以它对反应速率的影响可不予考虑。这样，上述反应的动力学方程可用如下函数形式表示：

$$-\frac{dc_{Br_2}}{dt} = k_{Br_2} c_{Br_2}^{\alpha} c_{HCOOH}^{\beta} c_{H^+}^{\gamma} + c_{Br^-}^{\delta} \tag{3.31}$$

式中，α、β、γ、δ 为各物质的反应级数；k_{Br_2} 为对应 Br_2 的反应速率系数。

为求得各级数值，采用过量浓度法。现分述如下。

（1）α 值的确定。

如果使 $HCOOH$、H^+ 和 Br^- 的初始浓度比 Br_2 大很多，即前三者浓度过量，则可以认为它们在反应过程中浓度保持不变。这样，式（3.31）可改写为

$$-\frac{dc_{Br_2}}{dt} = k' c_{Br_2}^{\alpha} \tag{3.32}$$

显然

$$k' = k_{Br_2} c_{HCOOH}^{\beta} c_{H^+}^{\gamma} + c_{Br^-}^{\delta} \tag{3.33}$$

为求 Br_2 浓度随时间的变化，本实验采用电动势法，在含 Br_2 与 Br^- 的反应液中插入双液接饱和甘汞电极与铅电极，组成如下原电池：

$$-)Hg, Hg_2Cl_2 \mid Cl^- \mid Br^-, Br_2 \mid Pt(+$$

该电池的电动势为

$$E = E_{Br^-,Br_2}^{\ominus} + \frac{RT}{2F} \ln \frac{c_{Br_2}}{c_{Br^-}} - E_{甘汞} \tag{3.34}$$

式中，$E_{Br^-,Br_2}^{\ominus}$ 为 $Br^- \mid Br_2$ 电极反应的标准电势；$E_{甘汞}$ 为饱和甘汞电极反应的电势；T 为电极反应的热力学温度；R 为摩尔气体常数；F 为法拉第常数（96 485 C/mol）。

前已述及，Br^- 的浓度过量，在反应过程中可认为不变，故上式可改写为

$$E = 常数 + \frac{RT}{2F} \ln c_{Br_2} \tag{3.35}$$

如果此反应对 Br_2 是一级反应，即 $\alpha = 1$，则式（3.32）可简化为

$$-\frac{dc_{Br_2}}{dt} = k' c_{Br_2} \tag{3.36}$$

将此式积分,可得

$$\ln c_{Br_2} = 常数 - k't \tag{3.37}$$

将式(3.37)代入式(3.35),并对 t 微分,可得

$$k' = -\frac{2F}{RT}\frac{dE}{dt} \tag{3.38}$$

因此,在一定温度下,以 E 对 t 作图,如果得到的是直线,则可确定 $\alpha = 1$,并可从直线斜率求得 k'。

(2) β、γ、δ 值的确定。

在上述 Br_2 浓度的条件下,保持过量的 H^+ 和 Br^- 浓度不变,用两种不同浓度的过量 HCOOH 溶液,分别测定反应过程电动势的变化。从而得到两条 E-t 直线斜率,据式(3.37)可得 k'。由式(3.33)可得:

$$k'_1 = k_{Br_2}c^{\beta}_{(HCOOH),1}c^{\gamma}_{H^+} + c^{\delta}_{Br^-} \tag{3.39}$$

$$k'_2 = k_{Br_2}c^{\beta}_{(HCOOH),2}c^{\gamma}_{H^+} + c^{\delta}_{Br^-} \tag{3.40}$$

联立解上述两式,即可求得 β。

同理,如果使过量的 HCOOH 和 Br^- 浓度不变,但用两种不同浓度的过量 H^+ 浓度进行上述反应,可求得 γ。如果使过量的 HCOOH 和 H^+ 浓度不变,而用两种不同浓度的过量 Br^- 浓度进行上述反应,可求得 δ。

求得 β、γ、δ 和 k' 后,代入式(3.33),即可求得反应的速率常数 k_{Br_2}。

为求反应活化能 E_a,必须测定不同温度下的速率系数,再利用阿伦尼乌斯方程即可求得。

三、实验试剂与仪器

(1)实验试剂:0.01 mol/L 溴水,1.0 mol/L HCl 溶液,1.0 mol/L KBr 溶液,1.0 mol/L HCOOH 溶液,去离子水等。

(2)实验仪器:甲酸氧化反应装置(图3.2)。

四、实验步骤

(1)按图3.2搭好仪器装置,接妥线路,电化学工作站上白色导线接甘汞电极,绿色导线接 Pt 电极,将超级恒温槽调节到(25.0±0.1)℃。

(2)打开计算机进入工作界面,再打开 CHI 电化学工作站电源,预热 10 min。通过计算机使仪器进入电化学工作站操作界面,在工具栏里选中"Technique"然后在弹出各项测试技术菜单中选"Open Cricuit Potential",单击"OK"确认,此时屏幕上显示"参数设定"对话框,设定最高电位(high)为 1.5 V,最低电位(low)为 0.5 V,信号采集时间间隔设置为 0.1 s,运行时间(run time)为 600 s(实验过程中根据需要可随时终止)。

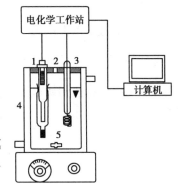

图3.2 甲酸氧化反应装置
1—甘汞电极;2—加液口;
3—铂电极;4—夹套反应器;
5—搅拌珠

(3)按表3.3的各组分分配比进行实验,分别测定 E-t 图。具体操作如下:将所需体积的 HCOOH 和 HCl 溶液置于 50 mL 容量瓶中,用去离子水稀

释到 50 mL 后倒入有恒温水的反应器;将所需体积的溴水和 KBr 溶液置于另一个 50 mL 容量瓶中,稀释到 50 mL 后放入超级恒温槽中恒温。恒温后将容量瓶中的溴水和 KBr 的混合液倒入反应器。

表 3.3　各组分分配比

序号	HCOOH/mL	HCl/mL	Br_2/mL	KBr/mL	待求级数
1	20	10	10	10	
2	10	10	10	10	$1 \sim 2; \beta$
3	10	20	10	10	$2 \sim 3; \gamma$
					$2 \sim 4; \delta$
4	10	10	10	20	

(4)单击电化学工作站操作界面工具栏中的"运行"键,即开始测量,计算机显示实时跟踪所得 E-t 直线,测量结束按"停止"键,然后单击工具栏中的"Graphics",最后在"Graph Option"中单击"Present Data Plot"显示完整结果,输入文件名后存盘备用。

(5)选定一组初始浓度,同上述步骤,做 30 ℃、35°C、40°C 下的实验,求反应表观活化能 E_a。

五、数据处理

(1)将 E、t 数据导入 Excel,作 E-t 直线;建立其直线方程,求出 $\dfrac{dE}{dt}$,再按式(3.38)计算 k' 值。然后由各组的 k' 值结合式(3.39)、式(3.40)求得 β、γ、δ。

(2)计算实验温度下 HCOOH 的氧化反应的速率系数 k_{Br_2},写出该反应的动力学方程式。

(3)作图计算反应表观活化能 E_a。

六、思考题

(1)简述过量浓度法测定各反应物质级数的基本原理。

(2)如何在实验得到的 E-t 直线上求得 $\dfrac{dE}{dt}$ 值(mV/s)?

(3)用反应物的初始浓度计算反应电池的电动势以及当 Br_2 的浓度反应掉90%时电动势的变化值。

实验6　可燃气-氧气-氮气三元系爆炸极限的测定

一、实验目的

(1)测定丙酮蒸气在氧氮混合气中的爆炸极限。

(2)学会三元系组成图的制作。

二、实验原理

许多可燃气体的氧化反应表现为链反应,一般链反应可表示为

$$A \xrightarrow{k_1} R \cdot$$

$$R \cdot + A \xrightarrow{k_2} \alpha R \cdot + P$$

$$R \cdot \xrightarrow{k_3} 销毁$$

式中,R·是含有未成对电子的自由基,自由基是反应的传递者。若 $\alpha = 1$,为直链反应;若 $\alpha > 1$,则为支链反应。

图3.3所示为 $\alpha = 2$ 的情况。由图3.3可知,若 R·不能及时销毁,反应速率猛增可导致反应失去控制,发生爆炸。

自由基的销毁途径有两种:一种是由于自由基与器壁碰撞而失去活性,称为墙面销毁;另一种是自由基在气相中互撞或与惰性气体相撞而失去活性,称为气相销毁。

正因为自由基可能在反应过程中销毁,所以可燃气体的氧化反应并不是在所有情况下都发生爆炸。当可燃气体含量较少时,自由基很容易扩散到器壁上销毁,此时墙面销毁速率大于支链产生速率,因此反应进行缓慢。可燃气浓度越大,产生支链的速率越

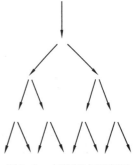

图3.3　支链反应示意图

大,当支链产生速率大于墙面销毁速率时,就发生爆炸。进一步增大可燃气的浓度会使自由基在气相中互撞而销毁的机会也增多。当浓度达到某一值后 ,自由基销毁速率又超过支链产生速率,反应又进入慢速区。因此,可燃气的氧化反应存在着两个爆炸极限:高限和低限。只有当可燃气的浓度在两个极限之间时,才发生爆炸。由此可见,测定爆炸极限在工业生产上有很重要的意义。

当系统中有惰性气体(不仅指惰性元素气体,也包括氮气等气体)存在时,爆炸极限也会有所改变。例如在氢、氧混合气中,氢气的爆炸低限为4%(体积百分数),高限为94%。而在氢气与空气的混合气中,分别为4%和74%。一般说来,低限变化不大,这是因为对于4% 的氢气来说,即使在空气中氧气也是大大过量的。但对高限的影响较大,因为增加了自由基与惰性气体分子碰撞而销毁的可能性,所以降低了高限。

测定试样气在氧气、各种比例的氧氮混合气中的爆炸极限后可绘成如图3.4所示的三元系组成图。图中△ABC为等边三角形,边长均为单位长度,A点表示试样气,B点表示氧气,C

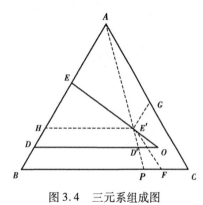

图 3.4　三元系组成图

点表示氮气。AB 线段表示试样气与氧气的混合气。E 点表示氧气的摩尔分数为 EA。同理,BC 为氧氮混合气,BC 上取点 P,$PC = 0.21$,$PB = 0.79$,则 P 点表示空气。由此可见,线段 AP 即表示试样与空气的混合气。在三角形内部的点如 E' 点表示三元混合气。

作 $E'H \parallel BC$,$E'G \parallel AB$,$E'F \parallel AC$,显然 $E'F + E'G + E'H = 1$。在三元系组成图中规定,三角形内某一点向某一条边作平行于另两边中任一边的直线段的长度表示该边所对顶点组分的摩尔分数。也就是说,$E'F$ 表示试样气的摩尔分数,而 $E'G$,$E'H$ 分别表示氧气、氮气的摩尔分数。

一般的可燃气爆炸极限如图 3.4 所示。D、E 为试样气在氧气中的爆炸低限、高限,D'、E' 为试样气在空气中的爆炸低限、高限。在测定了试样气在各种不同比例的氧、氮混合气中的爆炸低限、高限后,可得到如图中 DQE 的图形。DQE 内为爆炸区,DQE 外为非爆炸区。

三、实验仪器与试剂

实验所需试剂为丙酮、氧气、氮气。实验装置如图 3.5 所示。

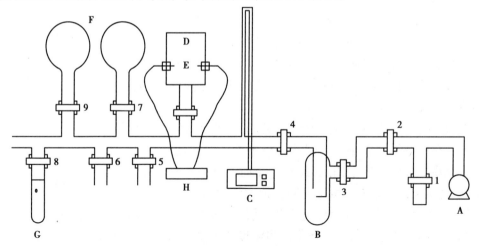

图 3.5　爆炸试验装置

A—真空泵;B—冷阱;C—数字压差计;D—爆炸室;

E—点火针尖;F—储气瓶;G—样品管;H—点火电源;1~9—活塞

注意:爆炸室上的盖板为贴有硅橡胶的酚醛塑料层压板,点火电源用 10 kV 高频火花检漏器。

为了保证安全,爆炸室外应套以金属丝网,并在实验者与爆炸室之间用透明的有机玻璃板隔开。

四、实验步骤

(1)系统抽空:除将管路、爆炸室等抽空外,还必须将样品管内液面以上、活塞以下的死空间抽空,为防止样品被抽去并污染实验装置,应将样品管冷冻在冻盐水混合物中(温度低于 −10 ℃),使死空间被样品蒸气充满。

(2)配气:移去样品管外的冷冻液。样品气、空气分别通入爆炸室,其含量用活塞控制,用数字压差计的读数测出分压而求得。为此,每种气体通入后必须将管路抽空。爆炸室内总压需控制在当时的大气压,以减少漏气的可能。

(3)点火起爆:混合气进入爆炸室后需要等待 5 min,让气体充分混合,然后点火并观察是否爆炸。爆炸时爆炸室上方的层压板会被气浪掀起。

(4)确定爆炸极限:改变丙酮和空气的组成比例,观察是否爆炸。当丙酮分压改变 1 mmHg(1 mmHg = 133.322 4 Pa),混合气即由爆炸转变为不爆炸,此爆炸点即为爆炸极限。

(5)改变氧气、氮气的比例,确定丙酮在不同氧、氮混合气中的爆炸极限。

(6)结束实验:将系统抽空,然后关闭真空泵。

五、实验数据处理

计算丙酮在空气中的爆炸低限和高限。

六、思考题

(1)为什么氮气量的增加对爆炸高限影响较大而对爆炸低限没有什么影响?

(2)在抽空系统时,为什么要将丙酮冷冻?

(3)为什么各种组分的含量可以用数字压差计测得?

(4)实验结束后,为什么必须将系统抽空?

第 4 章

界面化学

界面化学是以多相系统为对象,研究界面性质变化规律的一门学科;如气-液、液-液、液-固、气-固、固-固五类,通常将气-液、气-固界面称为表面。

界面现象广泛地存在,诸如肥皂去污、塑料防水、硅胶吸水、活性炭去除有害物质等;自然现象,如雨滴露珠、白云薄雾、曙光、晚霞、碧海蓝天。随着科学技术的发展,界面化学现象被广泛地应用于各个领域。生物化学中核酸、蛋白质等物质分离;材料学科中的腐蚀、润滑;化工生产中的多相催化,电解、电镀、分离;冶金工业的矿物浮选以及环境保护中的净化,污水处理等。在日常生活中,化妆品与胶囊制品等也与界面化学有着密切联系。通过界面化学实验测得的许多数据,如表面张力、接触角、胶粒的电性质、粒度分布、固体的表面积等均具有很强的实用性。

界面化学实验及技术对界面化学与胶体化学理论的建立起着非常重要的作用,如吉布斯(Gibbs)吸附等温式、兰缪尔(Langmuir)吸附模型及 BET(Brunauer-Emmett-Teller)理论的正确性,被多方面的表面化学实验所证实。同时,表面化学实验也为其他学科理论的建立提供了很好的实验基础,如化学动力学中的多相催化理论,材料科学中表面结构与性质的理论以及胶体化学中胶体稳定性理论等。

气-液界面系统的界面现象在日常生活和生产中最为常见,其实验方法在研究界面过剩量、表面活性剂结构及其表面效应方面具有广泛应用,如"溶液表面张力的测定"等实验。液-固界面系统,表面化学实验研究吸附平衡,如"沉降法测定粒度分布"等。气-固表面系统中,表面化学实验则主要研究气-固吸附平衡和测量固体表面积,用以推断固体表面状态,如"BET容量法测定固体比表面积"。随着电子技术与高真空技术的发展,已经能够对气-固表面精细的结构、外貌进行观察和测量,并进行原子或分子水平的微观结构的实验研究。

本章所介绍的 6 个界面化学实验,基本包含了生产和科研中有实用价值的主要表面性质的测试原理、方法及其数据处理。所涉及的实验技术从简单的温度、压力、重量测定到应用比较先进的影像技术和计算机联用数据分析系统。

实验 1　溶液表面张力的测定

一、实验目的

(1)掌握用气泡的最大压力法测定溶液表面张力的原理和技术。
(2)测定不同浓度的正丁醇水溶液的表面张力,计算表面吸附量。
(3)了解表面张力的性质,超级恒温槽的构造及使用方法。

二、实验原理

处于液体表面的分子由于受到液体内部分子与表面层外介质分子的不平衡力的作用,具有表面张力。表面张力 σ 的定义是在一定温度、压力下,垂直于单位长度的边界、与表面相切并指向液体方向的力(也就是使表面收缩的力),单位为 N/m。液体的表面张力与温度有关,温度越高,表面张力越小。到达临界温度时,液体与气体不分,表面张力趋近于零。气泡的最大压力法(或最大泡压法)是测定液体表面张力的方法之一。它的基本原理如下:当玻璃毛细管一端与液体接触,并往毛细管内加压时,可以在液面的毛细管口处形成气泡。设气泡在形成过程中始终保持球形,则气泡内外的压力差 Δp(即施加于气泡的附加压力)与气泡的半径 r、液体表面张力 σ 之间的关系可由拉普拉斯(Laplace)公式表示,即

$$\Delta p = \frac{2\sigma}{r} \tag{4.1}$$

显然,在气泡形成过程中,气泡半径由大变小,再由小变大,如图 4.1 所示,而压力差 Δp 则由小变大,然后再由大变小。当气泡半径 r 等于毛细管半径 R 时,压力差达到 $\Delta p_{\max}$。

因此
$$\Delta p_{\max} = \frac{2\sigma}{R} \tag{4.2}$$

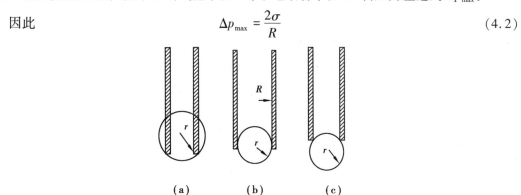

(a)　　**(b)**　　**(c)**

图 4.1　气泡形成过程中其半径的变化情况示意图

由此可见,通过测定 R 和 $\Delta p_{\max}$,即可求得液体的表面张力。

由于毛细管的半径较小,直接测量 R 误差较大。通常用一种已知表面张力为 σ_0 的液体(如水、甘油等)作为参考液体,在相同的实验条件下,测得相应最大压力差为 $\Delta p_{0,\max}$,则毛细

管半径 $R = \dfrac{2\sigma_0}{\Delta p_{0,\max}}$，代入式(4.2)，求得被测液体的表面张力

$$\sigma = \frac{\Delta p_{\max}}{\Delta p_{0,\max}} \sigma_0 \tag{4.3}$$

本实验中用数字式微压差测量计测量压力差 Δp。

纯物质表面层的组成与内部的组成相同，因此纯液体降低表面自由能的唯一途径是尽可能缩小其表面积。对于溶液，由于溶质能使溶剂表面张力发生变化，因此可以调节溶质在表面的浓度来降低表面自由能。根据能量最低原则，溶质能降低溶剂的表面张力时，表面层中溶质的浓度比溶液内部的大，反之，溶质使溶剂的表面张力升高时，它在表面层中的浓度比在内部的浓度低，这种溶质在表面的浓度与溶液内部的浓度不同的现象叫做溶液的表面吸附。

在同一温度下，若测定不同浓度 c 的溶液表面张力，按吉布斯吸附等温式可计算溶质在单位界面过剩量，即吸附量 Γ。

$$\Gamma = -\frac{c}{RT}\left(\frac{\mathrm{d}\sigma}{\mathrm{d}c}\right)_T \tag{4.4}$$

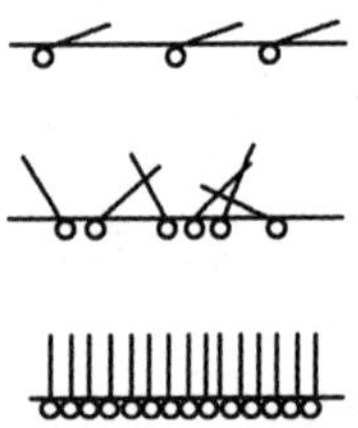

式(4.4)中，Γ 为表面吸附量，$\mathrm{mol/m^2}$；σ 为表面张力，$\mathrm{N/m}$；c 为溶质的浓度，$\mathrm{mol/m^3}$；T 为热力学温度，K、R 为摩尔气体常数，$R = 8.314\ \mathrm{J/(mol \cdot K)}$。

$\left(\dfrac{\mathrm{d}\sigma}{\mathrm{d}c}\right)_T$ 表示在一定温度下表面张力随浓度的改变

图 4.2　被吸附分子在溶液表面上的排列　率。若 $\left(\dfrac{\mathrm{d}\sigma}{\mathrm{d}c}\right)_T < 0$，$\Gamma > 0$，称为正吸附；这时溶质的加入使表面张力下降，随溶液浓度的增加，表面张力降低，这类物质称为表面活性物质。反之，$\left(\dfrac{\mathrm{d}\sigma}{\mathrm{d}c}\right)_T > 0$，$\Gamma < 0$，称为负吸附；这时溶质的加入使表面张力上升，随溶液浓度的增加，表面张力升高，这类物质为非表面活性物质。人们感兴趣的是表面活性物质，这类物质具有不对称性结构，由极性的亲水基团部分和非极性的疏水基团部分构成。在水溶液表面，极性部分指向液体内部，非极性部分指向空气，表面活性物质分子在溶液表面排列情况，随溶液浓度不同而异。当浓度很小时，分子平躺在液面上，如图 4.2(a)所示；浓度增大时，分子排列如图 4.2(b)所示；当浓度增加到一定程度时，被吸附分子占据了所有表面，形成饱和吸附层如图 4.2(c)所示。

由实验测出不同浓度 c 对应的表面张力 σ 的值，作 $\sigma\text{-}c$ 曲线，如图 4.3 所示。在该曲线上任取一点 a，通过 a 点作曲线的切线，以及平行于横坐标的直线，分别交纵坐标于 b、b'，令 $bb' = Z$，则 $Z = -c\left(\dfrac{\mathrm{d}\sigma}{\mathrm{d}c}\right)_T$，代入吉布斯吸附方程，$\Gamma = \dfrac{Z}{RT}$；在 $\sigma\text{-}c$ 曲线上取不同点，就可以得到不同的 Z 值，从而可以求出不同浓度下的吸附量。

由溶液的单位表面吸附量可求得每一个溶质分子在溶液表面占据的面积 S。方法如下：若溶质在溶液表面是单分子层

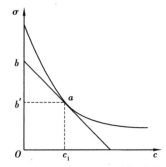

图 4.3　表面张力和浓度的关系

吸附,按兰缪尔吸附等温式

$$\frac{c_2}{\Gamma_2} = \frac{c_2}{\Gamma_\infty} + \frac{1}{b\Gamma_\infty} \qquad (4.5)$$

式(4.5)中,Γ_∞ 为单位溶液表面被溶质单分子层吸附的饱和吸附量;b 为常数。以 $\frac{c_2}{\Gamma_2}$ 对 c_2 作图,其直线斜率为 Γ_∞。设 L 为阿伏伽德罗常数,则每个溶质分子在溶液表面占据的面积为

$$S = \frac{1}{\Gamma_\infty L} \qquad (4.6)$$

三、实验试剂与仪器

(1)实验试剂:正丁醇等。

(2)实验仪器:超级恒温槽,表面张力测定实验装置,如图4.4所示。

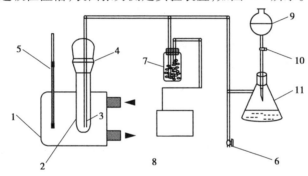

图4.4 表面张力测定实验装置

1—恒温水浴;2—表面张力测定管;3—毛细管;

4—磨口室;5—温度计;6—出气口;7—干燥管;

8—数字式微压差测量仪;9—储水瓶;10—活塞;11—增压瓶

四、实验步骤

(1)在测定管中装入一定量的参考液体(去离子水),按图4.4接好管路,调节毛细管高度,使毛细管管口处于刚好接触溶液表面的位置,并将超级恒温槽调节至(25.0 ± 0.1)℃或(30.0 ± 0.1)℃。

(2)待溶液恒温10 min后,通过活塞10来调节水滴滴入增压瓶11中的速度,使气泡从毛细管口3逸出,速度控制在每分钟5~15个。记录微压差仪读数,得 $\Delta p_{0,\max}$(要求至少测定3次,然后取平均值)。

(3)配制1 mol/mL正丁醇溶液,装入50 mL碱式滴定管中,取该浓度的正丁醇溶液2.50 mL、5.00 mL、10.00 mL、15.00 mL、20.00 mL、25.00 mL、30.00 mL、40.00 mL、60.00 mL、80.00 mL 于100 mL容量瓶中,稀释至刻度。

(4)用待测溶液洗净支管试管和毛细管后,操作方法同前,将配好的正丁醇溶液从稀到浓依次装入待测样品,测定10个待测样品气泡缓慢逸出时的最大压差 $\Delta p_{\max}$,读3次,取平均值。

注意事项:

（1）测定时毛细管及支管试管应洗涤干净,清洗后玻璃以不挂水珠为宜。从毛细管口脱出的气泡每次应为一个,即间断脱出。

（2）毛细管端口一定要刚好垂直接触液面,不能离开液面,但也不可深插。

（3）系统采零和检查体系是否漏气。

五、实验数据记录与处理

（1）计算不同浓度的乙醇水溶液的表面张力。

（2）绘出 $\sigma\text{-}c$ 曲线图,在 $\sigma\text{-}c$ 曲线图上求出各浓度值的相应斜率,即 $\dfrac{\mathrm{d}\sigma}{\mathrm{d}c}$。

（3）计算溶液各浓度所对应的单位表面吸附量 Γ。

六、思考题

（1）实验时,为什么毛细管口应处于刚好接触溶液表面的位置? 如插入一定深度将对实验带来什么影响?

（2）在毛细管口所形成的气泡什么时候其半径最小?

（3）实验中为什么要测定水的 $\Delta p_{0,\max}$?

（4）为什么要求从毛细管中逸出的气泡必须均匀地间隔? 如何控制出泡速度?

七、进一步讨论

测定液体表面张力除气泡的最大压力法外,常用的还有毛细管上升法、滴重法、吊环法、吊板法、悬滴法等。

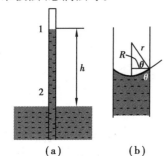

图 4.5　毛细管上升原理

毛细管上升法如图 4.5 所示。将半径为 R 的毛细管垂直插入可润湿的液体中,由于表面张力的作用,使毛细管内液面上升。平衡时,上升液柱的重力与液体由于表面张力的作用受到向上的拉力相等,即

$$2\pi R\sigma \cos \theta = \pi R^2 \rho g h$$

若毛细管玻璃被液体完全润湿,即 $\theta=0°$,则得

$$\sigma = \frac{\rho g h R}{2} \tag{4.7}$$

滴重法是使液体受重力作用从垂直安放的毛细管口向下滴落,当液滴最大时,其半径即为毛细管半径 R。此时,重力与表面张力相平衡,即

$$mg = 2\pi R\sigma$$

由于液滴形状的变化及不完全滴落,故重力项还需乘以校正系数 F。F 是毛细管半径 R 与液滴体积的函数,可在有关手册中查得。整理上式得

$$\sigma = F\frac{mg}{R} \tag{4.8}$$

若已知液体密度,可通过液滴的体积计算液滴质量 m。

实验 2　沉降法测定粒度分布

一、实验目的

(1)基于计算机与电子天平联用,采用沉降法测定滑石粉的粒度分度。

(2)了解计算机与电子天平联用测绘沉降曲线、拟合曲线方程,研究粒度分布的原理与方法。

二、实验原理

粒度分布测定是指使一悬浮液中的粒子在重力场作用下而沉降,从不同时间内的沉降量求得不同半径粒子相对量的分布。它的测定理论根据是基于斯托克(Stokes)定律的力平衡原理:假设半径为 r 的球形粒子在重力作用下,在黏度为 η 的均相介质中以速度为 v 做等速运动,则粒子所受到的阻力(摩擦力)f 由下式决定:

$$f = 6\pi\eta rv \tag{4.9}$$

由于粒子做等速运动,所以这一摩擦力应等于粒子所受的重力 $\frac{4}{3}\pi r^3(\rho - \rho_0)g$,即

$$6\pi\eta rv = \frac{4}{3}\pi r^3(\rho - \rho_0)g \tag{4.10}$$

式(4.10)中,η 为介质黏度(Pa·s);v 为粒子沉降速度(m/s);ρ 为粒子密度(kg/m³);ρ_0 为介质密度(kg/m³);g 为重力加速度(m/s²)。

由式(4.10)可得

$$r = \sqrt{\frac{9}{2}\frac{\eta v}{(\rho - \rho_0)g}} \tag{4.11}$$

若已知 η、ρ、ρ_0,则测定粒子沉降速度 v,可算得粒子半径 r。设沉降前不同半径的粒子均匀地分布在介质中,而且半径相同的粒子沉降速度都相等。若悬浮液中只有一种同样大小的粒子,在沉降天平中测定该悬浮液在不同时间 t 内沉降在盘中的粒子质量 m,作出的 $m-t$ 曲线(沉降曲线)应该是一条通过原点的直线 OA,如图 4.6(a)所示。当时间至 t 时,处在液面的粒子也已沉降到盘上,即沉降完毕,其总沉降量为 m_c。此后 AG 即成为平行于横轴的直线。根据盘至液面的距离 h 和 t_1 可以算出这种粒子的沉降速度:

$$v = \frac{h}{t_1} \tag{4.12}$$

将式(4.12)代入式(4.11),则粒子的半径为

$$r = \sqrt{\frac{9}{2} \times \frac{\eta h}{(\rho - \rho_0)gt_1}} \tag{4.13}$$

相应的沉降时间为

$$t_1 = \frac{9\eta h}{2g(\rho - \rho_0)r^2} \tag{4.14}$$

对于含有两种不同半径粒子的系统,其沉降曲线形状如图4.6(b)所示。在大粒子沉降时总是伴随着小粒子的沉降,OA 段反映了大粒子和一部分小粒子的共同沉降,因此斜率较大。至 t_1 时,大粒子全部沉降完毕。此后只剩下较小的粒子继续沉降,因此沉降曲线发生转折,沿 AB 段上升。至 t_2 时,小粒子也全部沉降完毕。m_c 为两种粒子在沉降盘上的总质量。

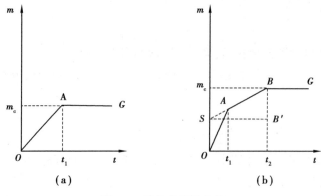

图4.6　简单的沉降曲线

为了求两种粒子的相对含量,可将线段 AB 延长,交纵轴于 S。OS 即为第一种(较大的)粒子的质量,m_cS 即为第二种(较小的)粒子的质量。因为线段 AB 是表示只剩下第二种粒子时的沉降曲线,所以其斜率 $\dfrac{BB'}{SB'}$ 为这种粒子在单位时间内的沉降量 $\dfrac{\Delta m}{\Delta t}$。显然,在 t_2 时间内沉降的小粒子质量应为 $\dfrac{BB'}{SB'} \times Ot_2 = BB' = m_cS$。将总量减去小粒子的量,即为第一种大粒子的量,所以 $Om_c - m_cS = OS$ 为第一种粒子的沉降量。

实际上所遇到的悬浮液均为粒子半径连续分布的体系,即多级分散体系。其沉降曲线如图4.7所示。在某一时间 t_1,已沉降的粒子质量为 m_1,按大小可分为两部分。一部分半径大于 $r_1\left(\sqrt{\dfrac{9}{2}\dfrac{\eta h}{g(\rho - \rho_0)\,t_1}}\right)$ 的粒子已全部沉降。另一部分半径小于 r_1 的粒子仍在继续沉降。过 A 点作切线与纵轴交于 S_1,则 m_1S_1 表示半径小于 r_1 的粒子在 t_1 时间内的沉降量,而 OS_1 则表示半径大于 r_1 的粒子全部沉降的量。到 t_2 时,可作 B 点切线与纵轴交于 S_2,OS_2 表示半径大于 r_2 粒子全部沉降的量,m_2S_2 表示半径小于 r_2 的粒子在 t_2 时间内沉降的量。同理,OS_3 表示半径大于 r_3 的粒子全部沉降的量,等等。

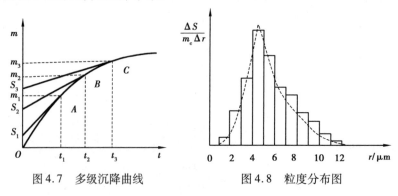

图4.7　多级沉降曲线　　　　　　图4.8　粒度分布图

因此,$OS_2 - OS_3 = S_1S_2 = \Delta S_{1\text{-}2}$ 表示半径处于 r_1 和 r_2 之间的粒子的量。同样,$S_2S_3 = \Delta S_{2\text{-}3}$ 表示半径处于 r_2 和 r_3 之间的粒子的量。若沉降总量为 m_c,则 $\dfrac{S_{1\text{-}2}}{m_c} \times 100\%$ 表示半径处于 r_1 和 r_2 之间的粒子的量占粒子总量的百分数,以此类推。定义 $\dfrac{\Delta S}{m_c \Delta r}$ 为分布函数,以分布函数对 r 作图,即可得到如图 4.8 所示的粒度分布图。

本实验采用带有 232 接口的电子天平与计算机联用,自动跟踪记录沉降过程中沉降量随时间变化,得到沉降曲线。

三、实验试剂与仪器

(1)实验试剂:滑石粉-去离子水沉降液等。

(2)实验仪器:AB104-N 电子天平、计算机、玻璃沉降筒、不锈钢沉降盘、直尺、磁力搅拌器。实验装置如图 4.9 所示。

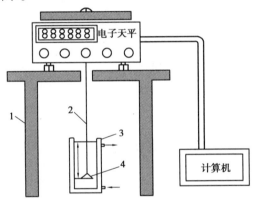

图 4.9　计算机联用沉降分析实验装置图

1—天平架;2—秤钩连线;3—恒温沉降桶;4—沉降盘

四、实验步骤

(1)沉降高度测量:

①将秤盘平稳地挂到电子天平下方的秤钩上,用直尺测量秤盘底部到桌面的距离 h_0。

②把秤盘放入装有沉降液沉降筒内,测量桌面到沉降液面的距离 h_1。

③沉降高度 $h = h_1 - h_0$。

(2)将洁净的温度计直接放入沉降液中,测量沉降温度 t。

(3)依据沉降温度,记下对应温度 t 下介质密度 ρ 与黏度 η。

(4)打开"DPZ Release Version.exe"文件,进入程序主界面,单击菜单栏"参数设置",在弹出"参数设置"窗口设置实验参数,采样间隔为 1 s,总沉降时间为 80 min,设置完成后,单击"确定"按钮,返回主界面。

(5)用磁力搅拌机充分搅拌沉降液,确保所有粒径的固体颗粒在沉降筒内均匀分布。

(6)关闭搅拌器,消除离心作用后放入沉降盘,迅速将沉降筒移至天平下方,将沉降盘悬挂在秤钩上。(注:挂沉降盘前天平必须先"归零",务必使沉降盘处于沉降筒中心位置)

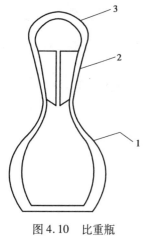

图 4.10 比重瓶
1—瓶身;2—带毛细管孔的瓶塞;
3—盖帽

（7）先单击"操作"窗口,再单击"开始",计算机开始自动记录时间(t)及相应质量(m),这步操作应在沉降液搅拌停止后 20 s 内完成。

（8）仔细观察计算机屏幕所显示的数据变化是否灵敏且单调增加,如有异常,则实验重新开始。

（9）沉降完成后,单击"导出数据",保存至 D 盘。

（10）滑石粉密度测定。比重瓶如图 4.10 所示。

首先称量洁净干燥的空比重瓶质量为 m_0。注满蒸馏水后放入恒温槽恒温。15 min 后用滤纸吸去瓶塞上毛细管口溢出的液体,称得质量为 m_1。倒去水后将比重瓶吹干,放入适量白土称得质量为 m_2。然后在比重瓶中注入适量蒸馏水,待白土完全润湿后,再将比重瓶注满蒸馏水恒温后,同上操作,称得质量为 m_3。按下式计算白土的密度 ρ。

$$\rho = \frac{m_2 - m_0}{(m_1 - m_0) - (m_3 - m_2)}\rho_0 \tag{4.15}$$

式(4.15)中,ρ_0 为室温下水的密度,kg/m^3。

五、实验数据处理

1）沉降总量的计算

在悬浮液中,半径很小的粒子全部沉降完毕需要很长的时间。为此,可用的外推法求得沉降总量,即在沉降曲线的末端取 6～8 个点,以各个点的沉降量 m 对应时间 t 的倒数 $\frac{1}{t}$ 作图,得一直线,此直线在沉降量轴上的截距相当于总沉降量 m_c。

2）沉降曲线的拟合

本实验测得的沉降曲线可用如下的函数表达式描述:

$$m(t) = m_c[1 - \exp(-at^{b+c\ln t})] \tag{4.16}$$

式(4.16)中,$m(t)$ 为沉降粒子的质量(g);t 为沉降时间(s);a、b、c 为与沉降系统性质相关的待定系数;m_c 为沉降总量。

3）粒度分布曲线绘制

从式(4.16)很容易看出,当 $t=0$ 时,$m(t)=0$,当 $t\to\infty$ 时,$m(t)\to m_c$,这正是本实验所得沉降曲线所要求的。为表征粒子半径大小的分布,依据本实验原理,定义分布函数

$$F(r) = \frac{1}{m_c}\lim_{\Delta r\to 0}\frac{\Delta S}{\Delta r} = \frac{1}{m_c}\times\frac{dS}{dr} \tag{4.17}$$

经运算整理可得

$$F(r) = -\frac{2t^2}{r}\times\frac{1}{m_c}\times\frac{d^2m}{dt^2} \tag{4.18}$$

分别以分布函数 $F(r)$ 对 r 作图,即可得到如图 4.8 所示的粒度分布曲线。

4)计算机处理数据及作图要求

(1)采用外推法求 m_c。

(2)依据沉降曲线的测量值,采用计算机编程拟合沉降曲线,确定式(4.16)中的待定系数 a、b、c,分别用相同沉降时间的测量值与拟合值绘制沉降曲线。

(3)按式(4.14)计算粒子半径 r 分别为 13 μm、12 μm、11 μm、10 μm、9 μm、8 μm、7 μm、6 μm、5 μm、4 μm、3 μm、2 μm 的沉降时间。然后在拟合得到的沉降曲线上找到相应的点,求取该点的一阶导数,建立切线方程,得到沉降量轴上各截距(如图4.7中 OS_1,OS_2,…)。根据各截距值分别计算粒子半径为 13 ~ 12 μm,12 ~ 11 μm,11 ~ 10 μm,…,3 ~ 2 μm,2 ~ 0 μm 等不同粒径范围内的相应沉降量 ΔS,计算分布函数 $\dfrac{\Delta S}{m_c \Delta r}$,以 $\dfrac{\Delta S}{m_c \Delta r}$ 对 Δr 得如图4.8中的粒径分布柱形图。也可采用对式(4.16)二次求导得 $\dfrac{d^2 m}{dt^2}$,代入式(4.18)求得分布函数 $F(r)$ 并对 r 作图,得粒度分布曲线。

六、思考题

(1)粒子的分布应与温度无关,为什么本实验要在恒温下进行?

(2)为什么要在充分搅拌后才能挂上沉降盘开始测量?若搅拌过猛,在沉降盘下出现气泡,对实验结果有何影响?

(3)若悬浮液中粒子较大以致沉降速度太快,可采用什么措施减慢其沉降速度?

(4)某半径范围的粒子分布函数及其相对含量有何关系?如何换算?

七、进一步讨论

(1)为做好此实验,在配制沉降液时应注意如下问题:

①分散介质的选择。对密度较小的细粒子,分散介质可选用如去离子水或甲醇、苯等黏度较小的液体。对密度大的粗粒子,可选用如正丁醇、豆油等黏度较大的液体。

②分散剂的选择。为防止某些试样粒子的凝聚黏结而改变粒子的大小,在悬浮液中必须加入一定量的分散剂。如以水为介质时,常加0.2%的六偏磷酸钠、焦磷酸钠或亚甲基双萘磺酸钠等。

③试样的用量。应根据试样的密度、天平的称量范围与沉降所需的时间来确定试样的用量。

(2)沉降分析的理论基础是以球形颗粒为前提的斯托克斯定律。但在实际试样中粒子多为形状不一的多面体,所以作为计算结果的粒子半径及其分布只能看作相当于球形的当量半径及其相对分布。

实验 3　胶粒 ξ 电势的测定

一、实验目的

（1）了解溶胶的电泳现象和其电学性质。

（2）了解 ξ 电势的意义。

（3）掌握用 JS94F 微电泳仪测定胶粒 ξ 电势的方法。

二、实验原理

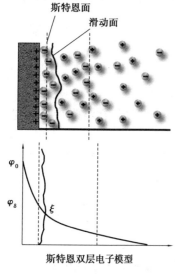

图 4.11　扩散双电层与电动势

胶体是一个多相体系,其分散相胶粒的大小为 1 nm ~ 1 μm。由于本身的电离或从溶液中选择性地吸附某种离子等,使得胶粒表面带有一定量的电荷。胶粒周围的介质分布着反离子如图 4.11 所示。反离子所带电荷与胶粒表面电荷符号相反、数量相等,所以整个溶胶体系保持电中性。胶粒周围的反离子由于静电引力和热扩散运动的结果形成了两部分——紧密层和扩散层。紧密层 σ 有一两个分子层厚,紧密吸附在胶核表面上,而扩散层的厚度则随外界条件(温度、体系中电解浓度及其离子的价态等)而改变,扩散层中的反离子符合玻耳兹曼分布。由于离子的溶剂化作用,紧密层结合有一定数量的溶剂分子,在电场作用下,它和胶粒作为一个整体移动,而扩散层中的反离子则向相反的电极方向移动。这种在电场作用下分散相粒子相对于分散介质的运动称为电泳。发生相对滑移的界面称为滑移面,滑移面与分散介质体相间的电势差称为电动电势或 ξ 电势。

胶粒电泳速度除与外加电场的强度有关外,还与 ξ 电势的大小有关。设一胶粒带有电量为 q,在电场强度为 E 的电场中运动,$E = dV/dx$,该胶粒所受的静电力 f_{es} 为

$$f_{es} = qE \tag{4.19}$$

另外,胶粒将受到反向的摩擦力,按 Stokes 定律 $f = 6\pi\eta rv$。当 $f_{es} = f$ 时,胶粒呈恒速运动,可得其运动速度为

$$v = \frac{qE}{6\pi\eta r} \tag{4.20}$$

式(4.20)中,η 为介质黏度;r 为胶粒半径。应该指出,q 并非胶粒表面电荷,而是滑移界面上的电荷,决定于 ξ 电势。根据静电学,半径为 r 的球体表面的电势与电荷量存在下列关系:

$$\xi = \frac{q}{4\pi\varepsilon r} \tag{4.21}$$

式(4.21)中, ε 为介质的电容率,代入式(4.20)可得

$$\xi = \frac{3v\eta}{2\varepsilon E} \tag{4.22}$$

本实验采用 JS94F 型微电泳仪,在一定电场强度下实测胶粒运动速度求得动电势 ξ 。

考虑到当带电颗粒运动时,其离子氛(扩散双电层)的对称性遭到破坏,产生额外的松弛阻力,相应地对式(4.22)乘一校正项 $f(kr)$, k 即离子氛厚度的倒数。当颗粒很小时,电解质浓度很稀 $f(kr) \rightarrow 1$;而对大颗粒和电解质浓度较高($kr>100$)的情况 $f(kr) \rightarrow 1.5$。本实验系统 $f(kr) \rightarrow 1$ 。

ξ 电势是表征胶体特性的重要物理量之一,对研究胶体性质及其实际应用有着重要意义。胶体的稳定性与 ξ 电势有直接关系。 ξ 电势绝对值越大,表明胶粒荷电越多,胶粒间排斥力越大,胶体越稳定。反之,则表明胶体越不稳定。当 ξ 电势为零时,胶体的稳定性最差,此时可观察到胶体的凝沉。

三、实验试剂与仪器

(1)实验试剂: Al_2O_3 粉末, 10^{-3} mol/L NaCl 溶液,0.1 mol/L HCl 溶液,0.1 mol/L NaOH 溶液等。

(2)实验仪器:JS94F 型微电泳仪一套;PHS-3C 型精密 pH 计等。

四、实验步骤

(1)将一定量的 Al_2O_3 分散在 10^{-3} mol/L 的 NaCl 水溶液中,配制成 Al_2O_3 含量为 0.05%(质量百分数)的悬浮液,并置于超声波清洗池中超声分散 5 min。

(2)移取 40~50 mL 分散过的悬浮液于烧杯中,加 0.1 mol/L 的 HCl 调节其 pH 为 4 左右的样品。

(3)在计算机桌面单击"dh"图标, 进入"dh"界面后,单击"活动图像",再下拉"option"菜单,单击"connect",出现"connect"窗口后,单击"OK"。

(4)用 pH 约为 4 的待测液清洗电泳杯,然后在杯中装入少量该待测液,插入十字标后将电泳杯放入有三维平台的电泳池中(有"前"字标记的一面朝前),调整三维平台,在计算机屏幕上看到清晰的十字图像,以此为测量最佳位置。

(5)取出电泳杯及十字标。用 pH 为 4 左右的悬浮液清洗电极,反复 3 次,并使电极充分润湿。

(6)倾斜电泳杯,缓缓插入电极,注意在两电极间不能有气泡。

(7)测量 t 电势。每个样品重复测量 5 次,取平均值。

(8)调节不同 pH 值的样品,重复步骤(4)~(7),测定 pH 为 5、6、7、8、9、10 左右的悬浮液的电势值。

五、数据处理

根据实验所得的数据,作 ξ-pH 曲线。当 ξ 电势为 0 时的 pH 值为 Al_2O_3 溶液的等电点。由 ξ-pH 曲线确定 Al_2O_3 溶液的等电点。

六、思考题

(1)电泳速度与哪些因素有关?

(2)写出 Al_2O_3 的水解反应式。

(3)为什么要用 Al_2O_3 粉末分散在 10^{-3} mol/L 的 NaCl 水溶液中?

七、进一步讨论

(1)分散体系在生物界与非生物界都普遍存在,在实际生活和生产中占有重要地位。如在石油、冶金、橡胶、涂料、塑料化纤等工业部门,以及生物、土壤、医药、气象、地质等学科都广泛地接触到与胶体分散体系有关的研究。根据需要,有时要求胶体分散相中的固体微粒能稳定地分散于分散相介质中(如涂料要求有良好的稳定性),有时则相反,希望固体微粒聚沉(如废水处理时就要求固体微粒从系统中很快聚沉)。而胶体分散体中固体微粒的分散与聚沉都与其动电势即 ζ 电势有密切关系。因此 ζ 电势是表征胶体特性的重要物理量之一,它对分析研究胶体分散物系的性质及其实际应用有着重要意义。

(2)电泳的实验方法有多种。用显微镜直接观察质点电泳的速度称为显微电泳法,它要求研究对象必须在显微镜下能明显观察到,此法简便、快速、样品用量少,在质点本身所处的环境下测定,适用于粗颗粒的悬浮体和乳状液。界面移动法,适用于溶胶或大分子溶液与分散介质形成的界面在电场作用下移动速度的测定。此外还有区域电泳法,是以惰性而均匀的固体或凝胶作为被测样品的载体进行电泳,利用各组电泳速度的差异,以达到分离与分析不同组分的目的。该法简便易行,分离效率高,用样品量少,还可以避免对流影响,现已成为分离与分析蛋白质的基本方法。

电泳技术是发展较快、技术较新的实验手段,其不仅用于理论研究,还有广泛的实际应用,如陶瓷工业的黏土精选、电泳涂漆、电泳镀橡胶、生物化学和临床医学上的蛋白质及病毒的分离等。

实验 4　液体在固体表面的接触角测定

一、实验目的

了解液体在固体表面的润湿过程以及接触角的含义与应用;掌握用 JC98A 接触角测量仪测定接触角的方法。

二、实验原理

润湿是自然界和生产过程中常见的现象,是固体表面上一种液体取代另一种与之不相混溶的流体的过程,通常指固-气界面被固-液界面所取代的过程。

在恒温恒压下,将液体滴于固体表面,液体或铺展而覆盖固体表面,或形成一液滴停于其上。设固体的表面积为 A,液滴的面积很小,可以略去,过程的吉布斯函数变化为

$$\Delta G = A_s(\sigma_{液\text{-}固} + \sigma_{气\text{-}液} - \sigma_{气\text{-}固}) \tag{4.23}$$

定义液体在固体上的铺展系数为

$$\varphi = -\frac{\Delta G}{A_s} \tag{4.24}$$

相应液体对固体的黏附力(或黏附功)

$$W_a = \sigma_{气\text{-}液} + \sigma_{气\text{-}固} - \sigma_{液\text{-}固} \tag{4.25}$$

此时所形成的液滴的形状可以用接触角来描述,如图 4.12 所示。

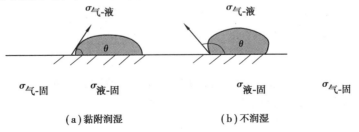

(a)黏附润湿　　　　　　**(b)不润湿**

图 4.12　润湿作用与接触角

接触角是在固、气、液三相交界处,自固体界面经液体内部到气液界面的夹角,以 θ 表示。平衡接触角与三个界面自由能之间的关系可以由杨氏方程表示:

$$\cos\theta = \frac{\sigma_{气\text{-}固} - \sigma_{液\text{-}固}}{\sigma_{气\text{-}液}} \tag{4.26}$$

对式(4.26)进行分析,可以区别出以下两种情况:

(1)$\sigma_{气\text{-}固} > \sigma_{液\text{-}固}$,$\cos\theta > 0$,$\theta < 90°$。这时产生黏附润湿,当 $\theta = 0°$ 时,则为完全润湿。

(2)$\sigma_{气\text{-}固} < \sigma_{液\text{-}固}$,$\cos\theta < 0$,$\theta > 90°$。这时不润湿,当 $\theta = 180°$ 时,则为完全不润湿。根据杨氏方程,相应液体对固体的黏附功和铺展系数分别为

$$W_a = \sigma_{气\text{-}液}(1 + \cos\theta) \tag{4.27}$$

$$W_a = \sigma_{气\text{-}液}(\cos\theta - 1) \tag{4.28}$$

由实验测得接触角和液体的表面张力,就可利用式(4.27)、式(4.28)计算黏附功和铺展系数。

接触角是表征液体在固体表面润湿的重要参数之一,由它可了解液体在一定固体表面的润湿程度,从而用于矿物浮选、注水采油、洗涤、印染等过程。接触角的测量方法有许多种,根据直接测定的物理量分为四大类:角度测量法、长度测量法、力测量法、透射测量法。其中,角度测量法是应用最广泛,也是最直截了当的一类方法。JC2000C1 接触角测量仪是利用观察区域放大投影到计算机屏幕,观测与固体平面相接触的液滴外形,直接量出三相交界处液滴与固体界面的夹角。

三、实验试剂与仪器

(1)实验试剂:双重蒸馏水,4 mmol/L,5 mmol/L,6 mmol/L,7 mmol/L,8 mmol/L,10 mmol/L,12 mmol/L,14 mmol/L 十二烷基苯磺酸钠水溶液等。

(2)实验仪器:JC2001C1 和 JC2000C2,聚四氟乙烯薄片,微量进样器等。

四、实验步骤

(1)单击桌面的 JC2000cl. exe 或 JC2000c2. exe 即可启动接触角测量仪应用程序。屏幕左侧的大正方形区域为图像显示区,单击活动图像显示当前摄像机摄入的图像内容。

(2)微量进样器取样固定在操作臂上,调节使其显示在图像显示区。

(3)把洁净的聚四氟乙烯薄片放置于操作台的合适位置,必要时调节"强度"和"焦距"提高画面质量。

(4)微量进样器进样(0.1～0.2 μL),上下左右调节操作台使聚四氟乙烯片与待测液体接触后迅速分开,待测溶液在固体表面平衡 60 s 后单击"冻结图像"。

(5)单击窗口左上角"File"中"Save as"保存图片,并处理图形,得到待测溶液在固体上的接触角。

(6)重新单击"活动图像",用微量进样器制备待测溶液的悬滴液,平衡 60 s 后单击"冻结图像",保存图片并处理图形,得到待测溶液的表面张力。

五、实验数据处理

将测得的 $\sigma_{气-液}$ 和 θ、$\cos \theta$ 值列表。根据实验测定的数值,利用式(4.27)、式(4.28)分别计算水和十二烷基苯磺酸钠水溶液在固体表面的黏附功和铺展系数,并判断它们在固体表面是否是润湿。

六、思考题

(1)液体在固体表面的接触角与哪些因素有关?

(2)在本实验中,滴到固体表面上的液滴的大小对所测接触角读数是否有影响?为什么?

七、进一步讨论

(1)润湿是液体在固体表面的一种现象,是多种生产过程的基础,例如机械润湿、洗涤、印染、焊接等皆与润湿有关。目前更为引人注目的是人体内人造器官的接植,也涉及人造器官与血液的润湿作用。

（2）实验发现同系物液体在同一固体上的接触角随液体表面张力降低而变小,以 $\cos\theta$ 对液体表面张力作图可得一直线。如果用非同系物的液体的 $\cos\theta$ 对 σ 作图通常也是一条直线或一窄带,将此窄带延至 $\cos\theta=1$ 处,相应的表面张力下限即为此固体的临界表面张力 σ_c。固体的临界表面张力是量度固体润湿性能的重要经验参数,有很强的实用价值。

实验 5　BET 容量法测定固体比表面积

一、实验目的

以氮气为吸附质,用 BET 容量法测定硅胶的比表面积,并通过实验熟悉真空实验技术。

二、实验原理

描述等温下气体在固体表面的物理吸附的 BET(Brunauer-Emmett-Teller)理论,认为在物理吸附中,作为吸附质的气体与作为吸附剂的固体之间是依靠分子间的吸引力,而吸附质气体中也存在着分子间的吸引力。因此在固体表面吸附的第一吸附层之上还可以发生第二层、第三层……的吸附,即所谓多分子层吸附。在此前提下,可推得 BET 两常数的吸附等温式:

$$\frac{p_i}{V_i(p^* - p_i)} = \frac{1}{V_m C} + \frac{C - 1}{V_m C} \cdot \frac{p_i}{p^*} \tag{4.29}$$

式(4.29)中,p_i 为吸附平衡时吸附质气体的压力;p^* 为吸附温度下吸附质的饱和蒸气压;V_i 为吸附平衡时吸附质被吸附的体积(STP,即标准状况下);V_m 为在固体吸附剂表面形成一个单分子吸附层所需的吸附质体积(STP);C 为与温度、吸附热、吸附质汽化热有关的常数。

对于一定量的某吸附剂来说,V_m 是常数。所以,以 $\dfrac{p_i}{V_i(p^* - p_i)}$ 对 $\dfrac{p_i}{p^*}$ 作图,将得一直线,其斜率为 $\dfrac{C - 1}{V_m C}$,截距为 $\dfrac{1}{V_m C}$,则

$$V_m = \frac{1}{斜率 + 截距} \tag{4.30}$$

因为 V_m 是已换算到标准状况下的体积,若令 A_m 为一个吸附质分子所占据的面积,则吸附剂总表面积

$$S = \frac{A_m L V_m}{0.022\ 4} \tag{4.31}$$

式(4.31)中,L 为阿伏伽德罗常数($6.022 \times 10^{23}\ \text{mol}^{-1}$);0.022 4 为 STP 下理想气体的摩尔体积,单位为 m^3/mol。

设吸附剂质量为 m,则吸附剂的比表面积

$$S_0 = \frac{s}{m} \tag{4.32}$$

比表面积 S_0 也可简称为比表面。

应该指出,用 BET 公式测定固体比表面时,实践证明相对压力 $\dfrac{p_i}{p^*}$ 应取 0.05 ~ 0.35 为宜。在此范围内按式(4.29)作图有较好的线性关系。

本实验用氮气作吸附质,在液氮的沸点温度下进行低温氮吸附,测定硅胶的比表面。

三、实验试剂与仪器

（1）实验试剂：氢气、氮气、液氮、硅胶等。

（2）实验仪器：实验装置如图 4.13 所示。小电炉、0～360 ℃温度计、保温杯、球胆、高频火花检漏仪等。

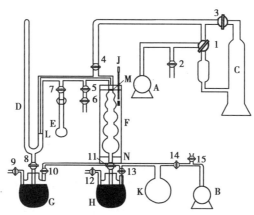

图 4.13　BET 容量法实验装置

A、B—机械真空泵；C—油扩散泵；D—U 形压差计；

E—样品管；F—量气球组；G、H—汞储槽；J—温度计；

K—烧瓶；L、M、N—刻度线；1～15—真空活塞

四、实验步骤

（1）测定自由体积。

系统中刻度线 L、M 与活塞 5、7 以上，活塞 4 以下部分的管路体积称为自由体积。当吸附剂在样品管中吸附气体时，必然有一部分气体还留在自由体积中，因此它的体积必须测定（量气球组 F 的五个球体积均为已知的）。测定方法如下。

关闭活塞 2、6、7、9、12、15，启动机械真空泵 A 和 B，将系统抽空。当系统压力降至 1.3 Pa（相当于 10^{-2} mmHg）时，用火花检漏仪检查火花应呈淡蓝色。加热油扩散泵 C，使之工作并将系统抽至 0.013～0.13 Pa（相当于 10^{-4}～10^{-3} mmHg），此时火花检漏仪的火花应呈白色或基本无。然后打开活塞 12，使汞面上升到刻度线 N，关闭活塞 11，打开活塞 9，使汞面上升到玻璃管与毛细管分界的刻度线 L，关闭活塞 8。关闭活塞 4，在活塞 6 下套氮气球胆，调节活塞 6 和 5，将氮气放入系统 5.3 kPa（相当于 40 mmHg）左右，关闭活塞 5。调节活塞 8、9、10 使 U 形汞压力计右管中汞面在 L 处，然后读得压力差。再用调节活塞 11 和 12 的方法使汞逐个充满量气球，每充满一个球就调节一次 U 形汞压力计中的汞面，并记下压力差 p。

设读得压力差为 p 时量气球中未被汞充满的球体积为 V_{TB}（这是已知的），并设自由体积为 V_f。因为这一测定可视为在恒温下进行，所以 $pV = K$（K 为常数），这里 $V = V_f + V_{TB}$，即 $pV_f + pV_{TB} = K$。所以

$$pV_{TB} = -pV_f + K \qquad (4.33)$$

由上述可见，以 pV_{TB} 对 p 作图将得一直线，由其斜率即可求得自由体积 V_f。

（2）样品脱气。

因为硅胶样品在室温下对一些物质有较强的物理吸附能力，因此在测定其表面积前必须先在一定温度下进行脱气操作，使硅胶表面净化。

用分析天平准确称取质量为 m 的硅胶，放在样品管 E 中。将 E 接上系统后，如步骤（1）所述将系统抽空。然后用小电炉套在样品管外，一般控制在 200 ℃ 左右维持 30 min，可认为脱气完成。

（3）测量死空间。

活塞 7 以下样品管 E 中除样品以外的空间称为死空间（包括样品内部的空隙）。在吸附质气体进入样品管被样品吸附时，必然有一部分吸附质充入死空间，所以需要测量其体积。为此，要用低温下不被样品吸附且能进入吸附剂的微小空隙的气体来进行测定。最好用氦气，本实验用氢气代替。

样品脱气结束后，移去小电炉，冷却后的样品管浸入用保温杯盛放的液氮中。关闭活塞 4、7，在活塞 6 以下套上氢气球胆。调节活塞 5 与 6，缓缓通入 27 kPa（相当于 200 mmHg）的氢气（此时 G、H 中的汞面应分别调节在刻度 L、N 处）。测出此时 H_2 的温度和压力分别为 T_H 和 p_H（所测压力应为当压力计右管汞面在零点 L 时读出的，下同）。由此可算出在自由体积及量气球组内氢气的量为

$$n_H = \frac{p_H(V_{TB} + V_f)}{RT_H} \tag{4.34}$$

然后打开活塞 7，H_2 进入样品管 E 测得压力为 p'_H，温度为 T'_H，此时仍保留在自由体积及量气球组内氢气的量为

$$n'_H = \frac{p'_H(V_{TB} + V_f)}{RT'_H} \tag{4.35}$$

因此，进入样品管中死空间的氢气的量为 $n_A = n_H - n'_H$。

假定死空间的体积为 V_x，所处的温度为 T_x，则

$$n_A = \frac{p'_H V_x}{RT_x} \tag{4.36}$$

显然，当 T_x、V_x 不变时，进入死空间的气体的量 n_A 与此时的压力 p'_H 成正比。令此比例常数 f_A 为死空间因子，即

$$f_A = \frac{n_A}{p'_H} = \frac{n_H - n'_H}{p'_H} = \frac{V_x}{RT_x} \tag{4.37}$$

这样，在求得死空间因子后，只要测出系统的压力，乘以 f_A，即可求出此压力下进入死空间的气体的量 n_A。

（4）吸附量的测定。

将测定死空间用的氢气抽去，使系统压力重新降到 0.013 ~ 0.13 Pa。关闭活塞 4、7，关掉油扩散泵下的电炉，使扩散泵冷却。在活塞 6 以下套氮气球胆，调节活塞 5、6，缓缓通入约 53 kPa（相当于 400 mmHg）压力的吸附质氮气。设读得压力为 p_N，气体温度为 T_N（由量气球组处的温度计读得，下同）。因此，通入量气球和自由体积的氮气的量为

$$n_N = \frac{p_N(V_{TB} + V_f)}{RT_N} \tag{4.38}$$

将样品管 E 浸入液氮中,打开活塞 7。由于氮气扩散到死空间和被样品吸附,压力逐渐下降。待稳定后可认为已达到吸附平衡,记下此时的压力 p_1 和温度 T_1,就完成了一个点的测量。

因为进入死空间的氮气的量为

$$n_{A1} = f_A \cdot p_1 \tag{4.39}$$

而此时保留在量气球及自由体积中的氮气的量为

$$n_{N1} = \frac{p_1(V_{TB} + V_f)}{RT_1} \tag{4.40}$$

所以被样品吸附的氮气的量为

$$n_{\text{吸}1} = n_N - (n_{A1} + n_{N1}) \tag{4.41}$$

显然,相应的体积为

$$V_1 = 0.022\ 4\ n_{\text{吸}1} \tag{4.42}$$

打开活塞 11,调节活塞 12、13,使汞逐个充满量气球。每充满一个量气球,就按上述步骤测定一次 p_i、V_i 并求得 V_i。直到所有的球全部被汞充满为止。

(5)结束实验。

打开活塞 4、7,将系统抽空,取下液氮。调节活塞 11、12 与 13,使量气球中的汞回到汞储槽 H 中。调节活塞 8、9 与 10,使压力计中的汞回到汞储槽 G 中。关闭所有活塞。打开活塞 2,停机械真空泵 A。打开活塞 15,停机械真空泵 B。如油扩散泵已冷却,即关冷却水。

(6)测定液氮温度。

用氧饱和蒸气温度计测定液氮温度,并测出此温度下液氮的饱和蒸气压 p^*。

五、数据处理

(1)计算自由体积 V_i。

将所测数据 p 和 V_{TB} 列表记录,以 pV_{TB} 对 p 作图,得一直线,它的斜率为 V_f,求得 V_f。

(2)计算死空间因子 f_A。

由测得的 p_H 和 T_H,按式(4.34)计算 n_H;由 p'_H 和 T'_H 按式(4.35)计算 n'_H;然后由式(4.37)求得 f_A。

(3)附量计算。

将所吸测得 p_i、V_i 的值列表,并按式(4.39)~式(4.42)计算 n_{Ai}、n_{Ni}、$n_{\text{吸}i}$ 及 V_i。

(4)计算比表面 S_0。

以 $\dfrac{p_i}{V_i(p^* - p_i)}$ 对 $\dfrac{p_i}{p^*}$ 作图,得一直线,从其斜率和截距求得 $V_m = \dfrac{1}{\text{斜率} + \text{截距}}$,按式(4.32)计算比表面 S_0(已知一个氮分子占据的横截面积 $A = 16.2 \times 10^{-20}\ \text{m}^2$)。

已知不同温度下液氮饱和蒸气压见表 4.1。

表 4.1　不同温度下液氮饱和蒸气压

T/K	74	76	77.85	78	80
p^*/kPa	66.98	86.19	101.325	109.36	136.99

本实验可用 Micro 公司生产的 ASAP2020 物理吸附仪来完成,其操作步骤及数据处理方法如下:

①处理样品(必要时先烘干)并称量两个质量:m_0 为空管质量(包括 sealfrit 密封塞,见图 4.14),m_1 为管加样品的总质量,其中 $m_1 - m_0$ 为脱气前样品质量。样品管需要预先清洗干净,在超声仪中超声 5 min,然后用去离子水、乙醇分别清洗,并在烘箱中干燥烘干。样品管及样品称量方法如图 4.15 所示。

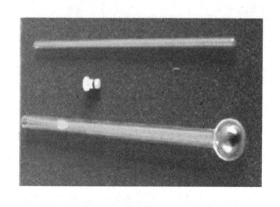 

图 4.14　ASAP2020 物理吸附仪样品管　　　　图 4.15　样品称量

②建立样品文件:选择"file-open-sample information file",出现对话框,单击"是"建立新的文件。

③编辑文件信息并保存:在新建文件夹选项中键入相应的文件信息,质量可以输入脱气前的样品质量,更精确的质量可以在数据分析完后再输入,单击"Save"保存。

a. 脱气条件:单击"file-open-sample information file",然后选择刚建立的文件名称。单击"Degas Condition",打开脱气条件设置窗口,"Description"栏内键入便于区别其他样品的样品名称,本实验脱气温度设为 100 ℃,脱气时间 60 min,其他条件为默认值。

b. 分析条件:在刚才的窗口中单击"Analysis Condition",进入分析条件设定窗口,单击右上角"Replace"按钮,选择已经建好的分析条件模板文件,其他为默认值。

c. 吸附特性,单击"Adsorption Properties",默认吸附质为氮气,在需要的情况下可以选择其他吸附气体。

条件设置完毕,单击"Save"保存。

④脱气步骤。

将样品管(带样品塞)安装在脱气口,在样品管底部固定好加热套。单击"unit-start degas-Browse",选择刚才新建的样品文件,单击"Start"开始脱气,如图 4.16 所示。

脱气后,移开加热套,让样品管冷却至室温,然后取下样品管,称管加样品质量 m_2,与空管质量比较,(m_2-m_0)为脱气后样品实际质量。

⑤分析步骤。将称重后的样品管套上保温套管至样品管泡处将样品管安装在分析口上,放置好杜瓦瓶,杜瓦瓶中盛放液氮,液面至杜瓦瓶上端 5 cm 处,将杜瓦瓶口盖安装在样品管上。拧好 Po 管并将其移到样品管的旁边。

分析前确认钢瓶气体压力不低于 138 MPa,减压表设定为 103 ~ 138 kPa。确认分析口和

图 4.16 脱气

饱和压力口气体与样品信息文件的定义相一致,单击"unit-sample analysis",再单击"Browse"选择需分析的文件(即之前设置的文件),出现对话窗口,单击"OK"选中要分析的文件,再次确认信息,单击"Start"开始分析。

(5)结束。

分析结束后,杜瓦瓶自动降下,待样品管温度升至室温,取下样品管,样品回收,洗涤样品管。

六、思考题

(1)吸附剂为什么要脱气?如何脱气?

(2)测定死空间体积时为什么要将样品管浸入液氮中?在实验中为什么液氮的量应保持基本不变?

(3)解释公式 $n_{吸1} = n_N - (n_{A1} + n_{N1})$ 中各项的意义。

七、进一步讨论

(1)在容量法测定固体比表面的实验中,样品必须有一定的吸附量才能保证测量精度。因此,应该备有几种不同容积的样品管。对于比表面比较小的样品,可以用大容积的样品管,多装一些样品以保证足够的吸附量。容量法可用于测定比表面小到 10^{-3} m^2/kg 的样品,这是其他方法不易做到的。

(2)自由体积和死空间的存在均会带来测量误差,应该尽量减小。为此,一般在压力计与量气球之间的管路采用毛细管,而样品管装好样品后应在管路中插以玻璃棒,这样虽然会减慢抽真空的速度,延长吸附到达平衡的时间,但减小了容量法的测量误差。

(3)测定固体比表面的方法很多,常用的还有重量法(通过测定样品吸附后增重的量而求得吸附量)、色谱法(通过测定吸附质被吸附后使相应的色谱峰面积改变而求得吸附量,再进而计算比表面)。

(4)亚甲基蓝溶液法。

①实验原理:

溶液的吸附可用于测定固体颗粒比表面积。大多数固体颗粒,对一定浓度的亚甲基蓝溶液的吸附是单分子层吸附,符合 Langmuir 吸附理论。

Langmuir 吸附理论的基本假设是:固体颗粒表面是均匀的,被吸附分子间的作用力互不影响;分子在其表面的吸附是单分子层,固体表面一旦被吸附质覆盖就不能被其他分子再吸附。在吸附平衡时,吸附与脱附达到动态平衡。吸附平衡前,吸附速率与固体表面的空白成正比,解吸速率与覆盖度成正比。

设固体颗粒表面的吸附总数为 N,覆盖度为 θ,溶液中吸附质的浓度为 c,根据上述假设有

吸附速率:$r_{吸} = K_1 N(1-\theta)c$　　(K_1 为吸附速率常数)

脱附速率:$r_{脱} = K_{-1} N\theta$　　　(K_{-1} 为脱附速率常数)

当吸附平衡时:$r_{吸} = r_{脱}$　　即 $k_1 N(1-\theta)c = k_{-1} N\theta$

由此得出

$$\theta = \frac{Kc}{1 + Kc} \tag{4.43}$$

式中 $K = \dfrac{k_1}{k_{-1}}$ 称为吸附平衡常数,其值决定于吸附剂和吸附质的性质与温度,值越大,吸附剂的吸附能力就越强。若用 Γ_e 表示浓度 c 时达吸附平衡时的吸附量,以 Γ_∞ 表示全部吸附位被占据时单分子层的吸附量,即饱和吸附量,则有 $\theta = \dfrac{\Gamma_e}{\Gamma_\infty}$,代入式(4.43)整理得:

$$\frac{c}{\Gamma_e} = \frac{1}{\Gamma_\infty K} + \frac{1}{\Gamma_\infty}c \tag{4.44}$$

作 $c/\Gamma_e \sim c$ 图,从直线斜率可求出 Γ_∞。若每个吸附质分子在吸附剂上所占据面积为 σ_A,则吸附剂的比表面积可按下式计算

$$S = \Gamma_\infty L \sigma_A \tag{4.45}$$

式中 S 为吸附剂的比表面积,L 为阿伏加德罗常数。亚甲基蓝分子量 M 为 319.85,在固体表面的吸附有三种取向,即平面、侧面与端基取向。膨润土的基本结构为两层硅氧(Si-O)四面体中间夹一层铝氧(Al-O)八面体,分子较大的亚甲基蓝主要以静电与离子交换,以端基取向吸附在膨润土的表面,亚甲基蓝的端基吸附投影面积为 $\sigma_A = 39 \times 10^{-20}$ m^2。

本实验用分光光度计在 665 nm,进行分析测定亚甲基蓝溶液的浓度。

②实验试剂与仪器:

亚甲基蓝标准溶液储备液 1 000 mg/L,膨润土若干。恒温水浴振荡器 1 套,721 分光光度计 1 套,离心机 1 台,带塞磨口锥形瓶(250 mL)6 个,移液管,容量瓶(100 mL)6 只。

③实验步骤:

a.膨润土置于瓷坩埚中,放入 200 ℃马弗炉干燥 2 h,然后置于干燥器中备用。称取 0.500 g 亚甲基蓝于 500 mL 容量瓶中,用水稀释至刻度,配成 1 mg/mL 的亚甲基蓝储备液。

b.将浓度为 4 μg/mL 的亚甲基蓝溶液,用 721 分光光度计在 500 ~ 700 nm 范围,每间隔 10 nm,测定吸光度 A,作出 $\lambda \sim A$ 曲线,即吸收曲线,最大波长为分析波长。

c.分别准确移取 0.1 mL、0.2 mL、0.3 mL、0.4 mL、0.5 mL、0.6 mL 浓度为 1 000 mg/L 的储备液,于 100 mL 容量瓶中,用蒸馏水稀释至刻度,用 721 分光光度计,在最大吸收波长测定吸光度 A,作出 $c \sim A$ 曲线,即标准曲线。

d. 取 6 个 250 mL 锥形瓶,分别准确加入 50 mg 左右膨润土和 1.0 mL、1.5 mL、2.0 mL、2.5 mL、3.0 mL、3.5 mL 浓度为 1 000 mg/L 的亚甲基蓝储备液,并稀释至 100 mL,各初始浓度 $c_{0,i}$ 分别为 10 μg/mL、15 μg/mL、20 μg/mL、25 μg/mL、30 μg/mL、35 μg/mL,置于恒温振荡器(25 ℃)振荡 1 h,达吸附平衡。离心取上清液,于 1 cm 比色皿中,用 721 分光光度计在最大吸收波长测定吸光度 A,用标准曲线方程求出对应浓度 $c_{e,i}$,若上清液吸光度超出标准曲线的吸光度范围,需稀释到一定倍数测吸光度 A,后换算成对应上清液浓度。按式(4.46)计算平衡吸附量 $\Gamma_{e,i}$

$$\Gamma_{e,i} = \frac{(c_{0,i} - c_i) V}{m} \ (\text{mg/g}) \tag{4.46}$$

式(4.46)中,V 为吸附溶液的体积(mL),m 为加入吸附剂的质量(mg)。

④注意事项:

a. 吸附平衡时,需离心取上清液,膨润土在上清液中的存在,影响吸光度 A 的准确测定。

b. 上清中浓度过高中,吸光度 A 超出标准曲线的吸光度范围,需准确稀释一定倍数后,测吸光度 A,再换成对应浓度 c_i。

实验结果:作 $c/\Gamma_e \sim c$ 图,从直线斜率可求出 Γ_∞(mg/g),Γ_∞(mg/g)/M 换算成 Γ'_∞(mol/g),由 $S = \Gamma'_\infty L \sigma_A$,求出 S(m²/g)。

思考:膨润土投加量对于吸附平衡浓度的测定有什么影响,该如何控制? 实验结果受哪些因素影响较大,该如何控制?

实验 6　溶液黏度的测定

一、实验目的

掌握正确使用水浴恒温槽的操作,了解其控温原理,同时掌握用奥氏(Ostald)黏度计测定乙醇水溶液黏度的方法。

二、实验原理

当液体以层流形式在管道中流动时,可以看作一系列不同半径的同心圆筒以不同速度向前移动。越靠中心的流层速度越快,越靠管壁的流层速度越慢,如图4.17所示。取面积为 A,相距为 dr,相对速度为 dv 的相邻液层进行分析,如图4.18所示。

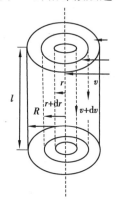
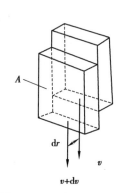

图4.17　液体的层流　　　图4.18　两液层相对速度差

由于两液层速度不同,液层之间表现出内摩擦现象,慢层以一定的阻力拖着快层。显然内摩擦力 f 与两液层间接触面积 A 成正比,也与两液层间的速度梯度 $\dfrac{dv}{dr}$ 成正比,即

$$f = \eta A \frac{dv}{dr} \tag{4.47}$$

式中比例系数 η 称为黏度系数(或黏度)。可见,液体的黏度是液体内摩擦力的度量。在国际单位制中,黏度的单位为 $N \cdot S/m^2$ 即 $Pa \cdot s$(帕·秒),但习惯上常用 P(泊)或 cP(厘泊)来表示。两者的关系:1 P = 10^{-1} Pa·s。

黏度测定可在毛细管黏度计中进行。设液体在一定的压力差 p 推动下以层流的形式流过半径为 R,长度为 l 的毛细管,如图4.17所示,对于其中半径为 r 的圆柱形液体,促使流动的推动力 $F = \pi r^2 p$,它与相邻的外层液体之间的内摩擦力 $f = \eta A \dfrac{dv}{dr} = 2\pi r l \eta \dfrac{dv}{dr}$,所以当液体稳定流动时,$F+f=0$,即

$$\pi r^2 p + 2\pi r l \eta \frac{dv}{dr} = 0 \tag{4.48}$$

对于厚度为 dr 的圆筒形流层，t 时间内流过液体的体积为 $2\pi rvtdr$，由上式可以推出，在 t 时间内流过这一段毛细管的液体总体积为

$$V = \frac{\pi R^4 pt}{8\eta l} \tag{4.49}$$

由此可得

$$\eta = \frac{\pi R^4 pt}{8Vl} \tag{4.50}$$

上式称为泊肃叶（Poiseuill）公式，由于式中 R、p 等数值不易测准，所以 η 一般用相对法求得，方法如下：

取相同体积的两种液体（"i"为被测液体，"0"为参比液体，如水、甘油等），在自身重力作用下，分别流过同一支毛细管黏度计，如图 4.19 所示的奥氏黏度计。若测得流过相同体积 V_{a-b}，所需的时间为 t_i 与 t_0，则

$$\eta_i = \frac{\pi R^4 p_i t_i}{8lV_{a-b}}$$

$$\eta_0 = \frac{\pi R^4 p_0 t_0}{8lV_{a-b}}$$

由于用同一支黏度计，所以 R、l、V_{a-b}，均相同。联立上述两式，可得

$$\frac{\eta_i}{\eta_0} = \frac{p_i t_i}{p_0 t_0}$$

又由于两种液体的体积相同，则液面高度差 h 也相同，而 $p = h\rho g$，所以 $\dfrac{p_i}{p_0} = \dfrac{\rho_i}{\rho_0}$，（这里 ρ_i、ρ_0 为两种液体的密度），因此

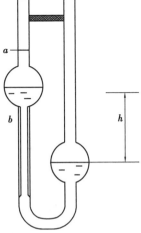

图 4.19　奥氏黏度计

$$\frac{\eta_i}{\eta_0} = \frac{\rho_i t_i}{\rho_0 t_0} \tag{4.51}$$

若已知某温度下参比液体的 η_0 并测得 t_i、t_0、ρ_i、ρ_0，即可求得该温度下的 η_i。

三、实验仪器与试剂

（1）实验试剂：乙醇溶液（20%）等。

（2）实验仪器：水浴恒温槽奥氏黏度计、计时器、移液管（10 mL）、吸球等。

四、实验步骤

（1）调节水浴恒温槽至（25.0±0.1）℃。

（2）在洗净烘干的奥氏黏度计中用移液管移入 10 mL 20% 乙醇溶液，在毛细管端装上橡皮管，然后垂直浸入恒温槽中（黏度计上两刻度线应浸没在水浴中）。

（3）恒温后，用吸球通过橡皮管将液体吸到高于刻度线 a，再让液体由于自身重力下降，用秒表记下液面从 a 流到 b 的时间 t_i，重复 3 次，偏差应小于 0.3 s，取其平均值。

（4）洗净此黏度计并烘干，冷却后用移液管移入 10 mL 去离子水，用与步骤（3）相同的方法再测得去离子水从 a 流到 b 的时间 t_0 的平均值。

五、实验数据记录与处理

（1）列表表示20%乙醇溶液和去离子水流过毛细管的时间和密度值。

（2）由式（4.51）计算20%乙醇溶液的黏度。

不同温度下20%乙醇溶液的密度见表4.2。

表4.2　不同温度下20%乙醇溶液的密度

温度 t/℃	20.0	25.0	30.0	35.0
20%乙醇密度 ρ/(kg·m^{-3})	968.6	966.4	964.0	961.4

六、思考题

（1）恒温槽包括哪些部件？它们各起什么作用？如何调节恒温槽到指定温度？

（2）奥氏黏度计在使用时为何必须烘干？是否可用两支黏度计分别测得待测液体和参比液体的流经时间？

（3）为什么在奥氏黏度计中加入被测液与参比液的体积必须相同？

七、进一步讨论

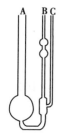

图4.20　乌氏黏度计

（1）实验室中还常用另一种毛细管黏度计，称为乌氏（Ubbelode）黏度计，结构如图4.20所示。它的特点如下。

①由于第三支管（C管）的作用，使毛细管出口通大气。这样，毛细管内的液体形成一个悬空液柱，液体流出毛细管下端时即沿着管壁流下，避免出口处产生涡流。

②液柱高 h 与 A 管内液面高度无关，因此每次加入试样的体积不必恒定。

③对于 A 管体积较大的稀释型乌氏黏度计，可在实验过程中直接加入一定量的溶剂而配制成不同浓度的溶液，故乌氏黏度计较多地应用于高分子溶液性质方面的研究。

（2）测定较黏稠的液体的黏度，可用落球法，即利用金属圆球在液体中下落的速度不同来表征黏度；或用转动法，即液体在同轴圆柱体间转动时，利用作用于液体的内切力形成的摩擦力矩的大小来表征其浓度。

（3）温度对液体黏度的影响十分敏感，因为随着温度升高，分子间距逐渐增大，相互作用力相应减小，黏度就下降。这种变化的定量关系可用下列方程描述：

$$\eta = A\exp\left(\frac{E_{vis}}{RT}\right)$$

或
$$\ln \eta = \ln A + \frac{E_{vis}}{RT} \tag{4.52}$$

式中，E_{vis} 为流体流动的表观活化能，可从 $\ln \eta$-$\frac{1}{T}$ 的直线斜率求得；A 为经验常数，可由直线的截距求得。

第 5 章

电化学

电化学实验研究的成果已广泛应用于化学工业(如电解工业、电有机合成等)、金属工业(如电解分离、电冶炼等)、材料学科(如电化学腐蚀、电化学防腐蚀、电镀等)、能量科学(如化学电源等)、环境科学、电子学、生物学、医学等领域。

电化学是研究电极与溶液的界面间所发生的化〇〇〇以及相关现象的科学。电化学作为物理化学的一个重要组成部分,其实验起着重〇〇〇〇〇溶液理论、电极过程动力学理论的验证,都是通过大量电化学实验而实现的〇〇〇〇〇f多物理化学性质(如电导率、离子迁移数)及电极过程动力学参数(如〇〇〇〇〇〇是通过电化学实验获得的,主要包含:

(1)原电池的电动势测量,包括电极电〇〇〇〇〇〇的活度及活度因子等。

(2)电解质溶液的导电性质和机制,如电导〇〇〇自然界中许多重要的现象都涉及电解质溶液,例如,海水、盐湖水就是不同浓度的电解质溶液。

(3)化学电源的研发,电池及材料的电化学容量,充放电曲线测定是研究化学电池的重要手段。特别是近几十年来,人们越来越深刻地体会到性能优良、对环境无污染的化学电源对人类的重要性,这就使得化学电池的研究与开发前景广阔。

本章实验可以了解和掌握电化学的有关测量方法、基本实验技术及其应用,进一步深入理解化学能与电能间的相互转化及转化过程中的现象与规律。

实验1 原电池电动势的测定

一、实验目的

（1）掌握电位差计的测量原理和使用方法。
（2）测量化学电池的电动势。
（3）用电动势法测定溶液的 pH 值。

二、实验原理

电池由正、负两极组成，电池在放电过程中，正极起还原反应，负极起氧化反应。电池反应是电池正负极反应的总和。电池的电动势等于两个电极电势的差值，即

$$E = \varphi_+ - \varphi_- \tag{5.1}$$

式中，φ_+ 为正极电极电势；φ_- 为负极电极电势。

现以 Cu-Zn 电池为例说明。

电池图式：$Zn \mid Zn^{2+}(a_1) \mid\mid Cu^{2+}(a_2) \mid Cu$

负极反应：$Zn \rule[0.5ex]{1.5em}{0.4pt} Zn^{2+} + 2e$

$$\varphi_- = \varphi_-^\theta - \frac{RT}{2F}\ln\frac{a_{Zn}}{a_{Zn^{2+}}}$$

正极反应：$Cu^{2+} + 2e \rule[0.5ex]{1.5em}{0.4pt} Cu$

$$\varphi_+ = \varphi_+^\theta - \frac{RT}{2F}\ln\frac{a_{Cu}}{a_{Cu^{2+}}}$$

电池反应：$Zn + Cu^{2+} \rule[0.5ex]{1.5em}{0.4pt} Zn^{2+} + Cu$

电池的电动势为：

$$E = \varphi_+ - \varphi_- = \varphi_+^\theta - \varphi_-^\theta - \frac{RT}{2F}\ln\frac{a_{Cu}a_{Zn^{2+}}}{a_{Cu^{2+}}a_{Zn}} = E^\theta - \frac{RT}{2F}\ln\frac{a_{Cu}a_{Zn^{2+}}}{a_{Cu^{2+}}a_{Zn}}$$

纯固体的活度为 1，即 $a_{Cu} = a_{Zn} = 1$，

所以

$$E = E^\theta - \frac{RT}{2F}\ln\frac{a_{Zn^{2+}}}{a_{Cu^{2+}}}$$

从化学热力学知道，在恒温、恒压、可逆条件下，电池反应有以下关系：

$$\Delta G = -NFE$$

本实验测定下面两个电池的电动势：

$$a: Hg \mid Hg_2Cl_2(s) \mid KCl(饱和) \mid\mid AgNO_3(0.02\ mol/L) \mid Ag$$

$$b: Hg \mid Hg_2Cl_2(s) \mid KCl(饱和) \mid\mid H^+(待测), Q, H_2Q \mid Pt$$

其中 Q 代表醌，H_2Q 代表氢醌。

电池 a、b 的电动势 E_a、E_b 分别为：

$$E_a = \varphi_{\text{Ag}^+/\text{Ag}} - \varphi_{\text{Hg}_2\text{Cl}_2(s)/\text{Hg}} \qquad (5.2)$$

$$E_b = \varphi_{\frac{Q}{H_2Q}} - \varphi_{\frac{\text{Hg}_2\text{Cl}_2(s)}{\text{Hg}}} = \varphi_{Q/H_2Q}^{\theta} + \frac{RT}{F}\ln \alpha_{H^+} - \varphi_{\text{Hg}_2\text{Cl}_2(s)/\text{Hg}} \qquad (5.3)$$

已知:

$$\varphi_{\text{Hg}_2\text{Cl}_2(s)/\text{Hg}} = [0.241\,2 - 0.000\,76(t - 25)](v) \qquad (5.4)$$

$$\varphi_{Q/H_2Q} = [0.699\,4 - 0.000\,74(t - 25)](v) \qquad (5.5)$$

式中,t 为实验时的摄氏温度。

将式(5.4)、式(5.5)分别代入式(5.2)、式(5.3),可得到 $\varphi_{\text{Ag}^+/\text{Ag}}$ 及被测溶液的 pH 值。

在一定温度下,电极电势的大小决定于电极的性质和溶液中有关离子的活度。由于电极电势的绝对值不能测量。在电化学中,规定标准氢电极的电极电势为零,其他电极的电极电势是与标准氢电极比较而得到的相对值,即假设标准氢电极与待测电极组成一个电池,并以标准氢电极为负极,待测电极为正极。这样测得的电池电动势数值就作为该电极的电极电势。由于使用标准氢电极条件要求苛刻,难于实现,故常用一些制备简单、电势稳定的可逆电极作为参考电极来代替,如甘汞电极、银-氯化银电极等。这些电极与标准氢电极比较而得到的电势值已精确测出,在物理化学手册中可以查到。

原电池电动势不能用伏特计直接测量。因为当把伏特计与原电池接通后,出于原电池放电,不断发生化学变化,原电池中溶液的浓度将不断改变,因而电动势值也会发生变化。另一方面,原电池本身也存在内电阻。所以伏特计所量出的只是两电极上的电势降,而不是原电池的电动势,只有在没有电流通过时的电势降才是原电池真正的电动势。电位差计是利用对消法原理进行电势差测量的仪器,即能在原电池无电流(或极小电流)通过时测得其两极的电势差,此时电势差就是原电池的电动势。

另外,当两种电极与不同电解质溶液接触时,在溶液的界面上总有液体接界电势存在。

电动势测量时,常用"盐桥"使原来产生显著液体接界电势的两种溶液彼此不直接接触,降低液体接界电势到毫伏数量级以下。用得较多的盐桥有 KCl、KNO$_3$、NH$_4$NO$_3$ 等的溶液。

三、实验试剂与仪器

(1)实验试剂:琼脂;NH$_4$NO$_3$(s);醌氢醌(s);AgNO$_3$(0.02 mol/L);KCl(饱和溶液);H$^+$ 待测溶液(0.1 mol/L HCl)等。

(2)实验仪器:电位差计 1 台、检流计 1 台、惠斯登标准电池 1 只、稳压电源 1 台、饱和甘汞电极 1 只、银电极 1 只、铂电极 1 只、半电池杯 3 个、U 形玻璃管 2 只、量筒 1 个、烧杯 1 个、台秤 1 台(公用)、电炉 1 个等。

四、实验步骤

(1)制备盐桥。

取 25 mL 蒸馏水,放在小烧杯中,加入 0.5 g 琼脂(撕碎),放在电炉上加热,基本溶解后,停止加热,加入约 4 g 的 NH$_4$NO$_3$,搅拌使其完全溶解,趁热倒入 U 形玻璃管中。倒入时注意在管口处呈凸出状,U 形管内切不能有气泡。待溶液冷凝后即可使用,共制两个盐桥。

（2）准备电极。

①饱和甘汞电极:检查甘汞电极中是否有适量的 KCl（饱和）溶液,如没有应加入。取一干净半电池杯,用 KCl 饱和溶液冲洗两遍,倒入 KCl 饱和溶液至杯内 1/3 处。取下甘汞电极头上的橡皮套,用 KCl 饱和溶液冲洗电极头,将电极插入半电池杯的溶液中。

②氢醌电极:取一干净半电池杯,用待测溶液冲洗两遍,加入待测溶液至杯中 1/3 处。加入半药匙醌氢醌,搅拌至溶液呈茶色。再将用待测溶液冲洗过的 Pt 电极插入。

③银电极:取一干净半电池杯,用 0.02 mol/L AgNO$_3$ 溶液冲洗两遍。加入 AgNO$_3$ 溶液至杯内 1/3 处。插入用 AgNO$_3$ 溶液冲洗过的 Ag 电极。

（3）检查仪器。

将所有开关都置于"关"的位置;按图 5.1 组成待测电池。

①测量电极的电动势。将被测电池接在线路中,将检流计的分流开关放在 0.1 挡,测量两次,取平均值。

②结束操作。测量完毕,先关闭所有仪器,拔下电源插头,拆除线路,将仪器复原,洗净电极。

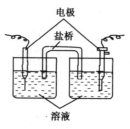

图 5.1　待测电池

五、实验结果与数据处理

（1）求 $\varphi_{Ag+/Ag}$。

（2）求待测溶液的 pH 值。

（3）计算两电池反应的 ΔG_a、ΔG_b。

注释:光电检流计是十分灵敏的仪器,使用过程中务必注意,避免损坏。检流计电流有两挡:"220V"和"6V",实验前将开关扳到"6V"。接通电源后,即有光点出现。若无光点,可将分流器开关调到"直接"挡,同时调零,使光点位于刻度盘"0"处。检流计有三个灵敏度挡,应从灵敏度最低的一挡（0.001 挡）开始观测。如光点偏转不大,可以提高一挡灵敏度（0.1 挡）,直到灵敏度最高一挡（1 挡）光点不偏转为止。检流计用毕,分流开关应扳到"短路",以保护检流计。

六、思考题

（1）对消法测定电池电动势的原理是什么?

（2）为什么不能用伏特法测定电池的电动势?

（3）盐桥起什么作用? 什么样的电解质可以作为盐桥的电解质?

（4）在测定电动势的过程中,若检流计光点总是往一个方向偏转,可能是什么原因?

实验 2　电导滴定

一、实验目的

（1）掌握电导滴定的原理。

（2）掌握电导率仪的使用方法。

二、实验原理

电导滴定是利用溶液电导率的变化来指示滴定终点的一种容量分析方法，这种方法特别适用于有色或混浊的电解质溶液。对于强酸和弱酸的混合溶液，用一般的有色指示剂进行容量分析时，只能知道酸的总含量，而无法确定强酸和弱酸的相对含量。但用电导法滴定，可根据电导率的改变，分别求出强酸和弱酸的相对含量。

电导滴定过程中，溶液中一种离子被另一种具有不同电导率的离子置换，或因溶液中的离子浓度的变化而引起溶液的电导率变化，若在等当点时电导率有突变，则可利用这一特性来确定等当点。下面分别就强碱滴定强酸、弱酸以及混合酸的情况加以说明。

强碱滴定强酸（NaOH 滴定 HCl）：滴定过程中，OH^- 与 H^+ 结合生成 H_2O，电导率较小的 Na^+ 代替了溶液中电导率较大的 H^+，使溶液的电导率逐渐减小，等当点时溶液的电导率达到最小。若过了等当点继续加入 NaOH，溶液中有了过量的 OH^-，其电导率较大，所以溶液的电导率又重新增加。若以电导率对碱的用量作图，得两条相交的直线，交点即为等当点，如图5.2(a)所示。

强碱滴定弱酸（NaOH 滴定 HAc）：在滴定过程中，弱电解质 HAc 被 Na^+ 和 Ac^- 代替，使溶液的电导率不断增大。达到等当点后，溶液出现过量的 OH^-，此时电导率增加的速度增大，滴定曲线在等当点处出现转折，如图5.2(b)所示。

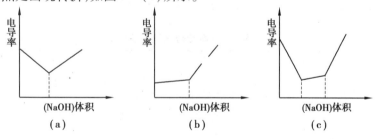

图 5.2　电导滴定曲线

当强酸被完全中和后，碱才与弱酸发生反应，这时溶液的电导率开始缓慢地增加，滴定曲线出现第一个转折点，为强酸的等当点。当弱酸也被完全中和后，继续滴定，溶液出现过量的 OH^-，此时电导率迅速增大，滴定曲线出现第二个转折点，为弱酸的等当点。滴定曲线如图5.2(c)所示。

在电导率滴定过程中，溶液的稀释也可引起电导率的变化。为了减少这一因素的影响，用来滴定的溶液的浓度应比被滴定的溶液的浓度大许多倍。

三、实验试剂与仪器

（1）实验试剂：0.025 mol/L HCl；0.025 mol/L HAc；0.5 mol/L NaOH（浓度经过标定）等。

（2）实验仪器：DDS-307 型电导率仪 1 台；磁力搅拌器 1 台；碱式滴定管 1 支；100 mL 和 50 mL 移液管各 2 支；250 mL 烧杯 3 个；洗耳球 1 个；搅拌磁子 3 个等。

四、实验步骤

（1）用移液管移取 100 mL HCl 溶液加入 250 mL 烧杯中，加入搅拌磁子，将烧杯放在电磁搅拌器上。在 25 mL 碱式滴定管中加入 NaOH 标准溶液。

（2）将 DJS-1 铂黑电极接到电导率仪后面板"I"的位置上，同时将仪器前面板的输入转换开关调到"I"挡。

（3）接通电导率仪电源，打开开关。按下"×10^4"量程键，此时电极空载（不放入溶液中）。将"低频/高频"选择按钮置于高频位置（按钮抬起），调节"调零"旋钮，使显示屏显示"000"。

（4）调节"温度"旋钮指向实验温度（室温），按下"校正/测量"旋钮，调节"电极常数"旋钮，使显示屏显示数字与电极所标的数字相同。再次按下"×10^4"量程键。

（5）将电极插入 HCl 溶液中，开动搅拌。待显示数字稳定后记录，该数字为 NaOH 体积为零时 HCl 溶液的电导率。

（6）用 0.5 mol/L NaOH 标准溶液滴定 HCl 溶液。每加入 0.5 mL NaOH，读一次溶液的电导率数值，直至共加入 10 mL NaOH 溶液。记录 NaOH 消耗的累积体积和溶液的电导率。取出电极，用蒸馏水冲洗干净，用滤纸吸干。

（7）按上述（1）～（6）步测定 NaOH 滴定 HAc 过程的电导率变化。

（8）取 HCl 和 HAc 溶液各 50 mL，按上述（1）～（6）步测定 NaOH 滴定混合酸过程的电导率变化。

（9）实验完毕后，将电极取出，用蒸馏水冲洗干净，并用滤纸吸干。

五、实验结果与数据处理

将实验数据填入表 5.1 中，以电导率对 NaOH 体积作图，由等当点分别求出 HCl 和 HAc 的浓度。

表 5.1　实验数据记录表

NaOH 滴定 HCl		NaOH 滴定 HAc	
V_{NaOH}/mL	$k/(\mu s \cdot cm^{-1})$	V_{NaOH}/mL	$k/(\mu s \cdot cm^{-1})$

六、思考题

（1）什么是电极常数？本实验是否需要测量电极常数？

（2）为什么测定溶液的电导率要用交流电？

实验 3　分解电压的测定

一、实验目的

（1）了解极化和分解电压的概念。

（2）掌握测量分解电压的实验方法。

二、实验原理

当有电流通过时，电极离开平衡状态，此现象即为电极的极化。某电流密度下的电极电位与其平衡电极电位之差的绝对值称为过电位或超电压，以 η 表示。根据极化规律，阴极极化的结果，使电极电位变得更负；阳极极化的结果使电极电位变得更正。描述电流密度与电极电位关系的曲线称为极化曲线。电解池的极化曲线如图 5.3 所示。

由图 5.3 可知，外加电压达到理论分解电压时，电解过程并不能正常进行。使电解质溶液继续不断发生电解时所必需的最小外加电压叫做该电解质溶液的分解电压 $E_{\text{分解}}$：

$$E_{\text{分解}} = E_{\text{理论}} + \eta_{\text{a}} + \eta_{\text{c}} + \Delta E_{\text{电阻}} \tag{5.6}$$

式（5.6）中，$E_{\text{理论}}$ 为理论分解电压，即可逆电池的电动势；η_{a} 为阳极过电位。η_{c} 为阴极过电位；$\Delta E_{\text{电阻}}$ 为电阻过电位，即电解质溶液的电阻引起的电位降。

分解电压可按图 5.4 的装置测量。

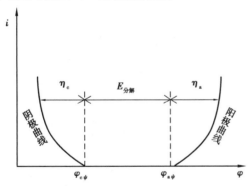

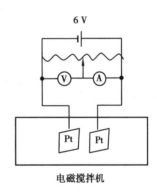

图 5.3　电解池的极化曲线　　　　图 5.4　测量分解电压装置

利用可变电阻，使外加电压从零开始，逐渐增加并记下相应电流的数值，以电压为横轴，电流为纵轴作图，即可得到如图 5.5 所示的 *I-E* 曲线。

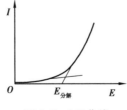

图 5.5　*I-E* 曲线

三、实验试剂与仪器

（1）实验试剂：0.5mol/L H_2SO_4 等。

（2）实验仪器：直流电源；可变电阻 1 个；安培计 1 个；伏特计 1 个；铂电极 2 支；电磁搅拌器 1 台；搅拌磁子 1 个等。

四、实验步骤

（1）按图 5.4 连接好仪器。

（2）将 0.5 mol/L H_2SO_4 倒入电解池，装满 1/3。

（3）缓慢开动电磁搅拌器。

（4）逐渐增加外电压到 1 V，然后每次按 0.1 V 增加，并记下相应的电流。当电极上明显出现气泡后，再测三个点，即可停止实验。

五、实验数据处理

按表 5.2 记录，室温 _____ ℃。

表 5.2　实验数据记录表

I/A	E/V	I/A	E/V

作出 $I\text{-}E$ 图，找出分解电压。

实验 4 强电解质溶液无限稀释摩尔电导的测定

一、实验目的

(1)通过对稀盐酸溶液电导率的测定,计算其无限稀释摩尔电导率。
(2)掌握用电导率仪测定电解质溶液电导率的原理和方法。

二、实验原理

对于电解质溶液,常用电导表示其导电能力的大小。电导 G 是电阻 R 的倒数,即

$$G = \frac{1}{R} \tag{5.7}$$

电导的单位是西门子(Siemens),常用 S 表示。1 S = 1 Ω^{-1}。

根据物理学知识,电导与导体的面积 A 成正比,与导体的长度 l 成反比。

即

$$G = \kappa \frac{A_s}{l} \tag{5.8}$$

式中 κ 为电导率或比电导,其意义是面积为 1 m^2 间距为 1 m 的立方导体的电导,单位为 S/m。

对电解质溶液,我们常用两片固定在玻璃上的平行的电极组成电导池,浸入待测的电解质溶液中测定其电导,故将 $\frac{l}{A_s}$ 称为电导池常数,用 K_{cell} 表示,所以

$$\kappa = GK_{cell} \tag{5.9}$$

K_{cell} 可用已知电导率的电解质溶液标定。

摩尔电导率 Λ_m 是指含有 1 mol 电解质的溶液且厚度为 1 m 时所具有的电导,单位为 $S \cdot m^2 \cdot mol^{-1}$。它与电导率的关系为

$$\Lambda_m = \frac{\kappa}{c} \tag{5.10}$$

式中 c 为电解质溶液的浓度(mol/m^3)。

当溶液的浓度逐渐降低时,由于溶液中离子间的相互作用力减弱,所以摩尔电导率逐渐增大。科尔劳施(F. Kohlrausch)根据实验得出强电解质稀溶液的摩尔电导率 Λ_m 与浓度 c 有如下关系:

$$\Lambda_m = \Lambda_m^\infty - A\sqrt{c} \tag{5.11}$$

式(5.11)中,A 为经验常数;Λ_m^∞ 为电解质溶液在浓度 $c \to 0$ 时的摩尔电导率,称为无限稀释摩尔电导率。由此可见,以 Λ_m 对 $\sqrt{c}$ 作图应得一直线,其截距即为 Λ_m^∞。

当溶液处于无限稀释时,离子间相互影响可以忽略不计。所以可以认为每一种离子都是独立运动的,与溶液中其他离子的性质无关。则此时溶液的摩尔电导率可看作独立的正、负

离子的摩尔电导率之和,若为 1-1 型电解质,则

$$\Lambda_m^\infty = \Lambda_{+,m}^\infty + \Lambda_{-,m}^\infty \tag{5.12}$$

溶液电导率的测定:

溶液的电导率一般用电导率仪配以电导池测定,电导池又称为电导电极。

由式(5.8)可知,为测得溶液的电导率,还必须知道电导池常数 K_{cell}(即电极间距 l 与面积 A_s 的商)。由于各种因素的影响,l 与 A_s 的数据很难测准,故电导池常数一般用已知电导率的溶液标定,常用的溶液是各种标准浓度的 KCl 溶液。

已知 0.01 mol/L KCl 标准溶液在不同温度时的电导率见表 5.3。

表 5.3　0.01 mol/L KCl 标准溶液在不同温度时的电导率

$t/^\circ C$	$\kappa/(S \cdot m^{-1})$
25	0.141 3
30	0.155 2

使用电导率仪时,只需将电导池浸入标准 KCl 溶液,由已知电导率数值标定出电导池常数,然后洗净拭干电极后,将电导池浸入待测溶液即可直接测得该溶液的电导率。

三、实验试剂与仪器

(1)实验试剂:0.01 mol/L KCl 标准溶液;0.015 mol/L HCl 溶液;去离子水等。

(2)实验仪器:DDS-307 型电导率仪;恒温槽;铂黑电导电极;试管等。

四、实验步骤

(1)调节恒温槽温度在(25.0±0.1)℃。在一试管中加入约 25 mL 0.01 mol/L KCl 标准溶液。插入电导电极后置于恒温槽中,待恒温后测定电导电极的电导池常数。

(2)在另一试管中用移液管移入 25 mL 浓度约为 0.015 mol/L 的 HCl 溶液,待恒温后,用上述电导电极测定其电导率。方法如下:将量程选择开关旋钮转向Ⅳ,仪器的其他各个旋钮均不要动,将电导电极用去离子水淋洗并用卷筒纸吸干(注意:勿碰电极片)后放入待测溶液中,电导率仪显示值即为该溶液在实验温度下的电导率值。

(3)在试管中再加入 25 mL 去离子水,稀释 HCl 溶液浓度为原来的 1/2,待溶液恒温后,测定其电导率(但电极不能再用去离子水清洗也不能用卷筒纸吸干)。

(4)用专用的"稀释"移液管从试管中移去 25 mL 溶液置于废液杯中,再用专用的"水"移液管移入 25 mL 去离子水,使 HCl 溶液浓度为最初的 1/4,待溶液恒温后测定其电导率。

(5)同步骤(4),使溶液浓度变为最初浓度的 1/8,测定其电导率。

(6)实验结束,用去离子水洗净电导电极,并将其浸入去离子水中。

五、实验数据处理

(1)计算不同浓度下 HCl 溶液的摩尔电导率 Λ_m,并将所测数据与计算结果列表。

(2)以 Λ_m 对 $\sqrt{c}$ 作图,由所得直线的截距计算 HCl 溶液无限稀释时的摩尔电导率 Λ_m^∞,

并与按离子独立运动定律计算的 $\varLambda_m^\infty$ 值相比较,求出相对误差。

已知:25 ℃时　$\varLambda_{H^+,m}^\infty = 0.034\ 98\ \text{S}\cdot\text{m}^2\cdot\text{mol}^{-1}$;

$\qquad\qquad \varLambda_{Cl^-,m}^\infty = 0.007\ 634\ \text{S}\cdot\text{m}^2\cdot\text{mol}^{-1}$。

$\quad$ 30 ℃时　$\varLambda_{H^+,m}^\infty = 0.037\ 43\ \text{S}\cdot\text{m}^2\cdot\text{mol}^{-1}$;

$\qquad\qquad \varLambda_{Cl^-,m}^\infty = 0.008\ 24\ \text{S}\cdot\text{m}^2\cdot\text{mol}^{-1}$。

六、思考题

(1)何谓溶液的电导率、摩尔电导率? 何谓电导池常数?

(2)为什么实验中要用标准 KCl 溶液标定法求取电导池常数? 用电极间距 l 除以电极面积 A,计算有何不妥?

(3)实验中为什么加入的 KCl 溶液体积不必很准确,而加入的 HCl 溶液必须是精确的 25 mL?

(4)为什么强电解质溶液的摩尔电导率随溶液浓度的减小而增大?

实验 5　离子迁移数的测定

一、实验目的

（1）掌握界面移动法测定 H^+ 的迁移数的基本原理和方法。

（2）通过求算 H^+ 的电迁移率,加深对电解质溶液有关概念的理解。

二、实验原理

电解质溶液的导电是靠溶液内的离子定向迁移和电极反应来实现的。而通过溶液的总电量 Q 就是向两极迁移的阴、阳离子所输送电量的总和。现设两种离子输送的电量分别为 Q_+、Q_-,则总电量

$$Q = Q_+ + Q_- \tag{5.13}$$

为了表示每一种离子对总电量的贡献,令离子迁移数为 t_+ 与 t_-,则

$$t_+ = \frac{Q_+}{Q},\ t_- = \frac{Q_-}{Q} \tag{5.14}$$

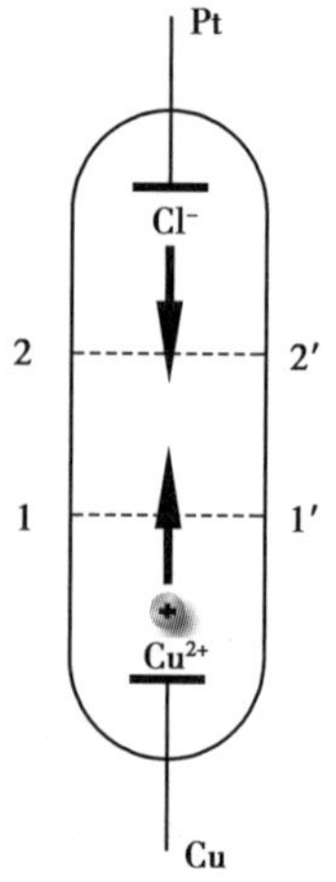

离子的迁移数与离子的迁移速度有关,而后者与溶液中的电位梯度有关。为了比较离子的迁移速度,引入离子电迁移率概念。它的物理意义为:当溶液中电位梯度为 1 V/m 时的离子迁移速度,用 u_+、u_- 表示,单位为 $m^2/(s \cdot V)$。本实验采用界面移动法测定 HCl 溶液中 H^+ 的迁移数,其原理如图 5.6 所示。在一根垂直安置的有体积刻度的玻璃管中,装入含甲基橙指示剂的 HCl 溶液,顶部插入 Pt 丝作阴极,底部插入 Cu 极作阳极。通电后,H^+ 向 Pt 极迁移,放出氢气,Cl^- 向 Cu 极迁移,且在底部与由 Cu 电极氧化而生成的 Cu^{2+} 形成 $CuCl_2$ 溶液,逐步替代 HCl 溶液。由于 Cu^{2+} 的电迁移率小于 H^+,所以底部的 Cu^{2+} 总是跟在 H^+ 后面向上迁移。由于 $CuCl_2$ 与 HCl 对指示剂呈现不同的颜色,因此在迁移管内形成了一个鲜明的界面。下层 Cu^{2+} 离子层为黄色,上层 H^+ 离子层为红色。这个界面移动的速度即为 H^+ 迁移的平均速度。

图 5.6　迁移管中离子迁移示意图

若溶液中 H^+ 浓度为 c_{H^+},实验测得 t 时间内界面从 1-1 到 2-2 移动过的相应体积为 V,则根据式(5.13)与式(5.14),H^+ 的迁移数为

$$t_{H^+} = \frac{c_{H^+} VF}{It} \tag{5.15}$$

式(5.15)中,F 为法拉第常数,$F = 964\ 85$ C/mol;I 为电流强度;t 为通电时间。

应该指出,由于迁移管内任一位置都是电中性的,所以当下层的 H^+ 迁移后即由 Cu^{2+} 来补充。这样稳定界面的存在意味着 Cu^{2+} 的迁移速度与 H^+ 的迁移速度相等,即

$$u_{Cu^{2+}} \left(\frac{dE}{dl} \right)_{Cu^{2+}层} = u_{H^+} \left(\frac{dE}{dl} \right)_{H^+层} \tag{5.16}$$

式(5.16)中，$\dfrac{dE}{dl}$ 为迁移管内的电位梯度，即单位长度上的电位降。

因为离子电迁移率不同 $u_{Cu^{2+}} < u_{H^+}$，所以 $\left(\dfrac{dE}{dl}\right)_{Cu^{2+}层} > \left(\dfrac{dE}{dl}\right)_{H^+层}$。此式表明 Cu^{2+} 离子层电位梯度比 H^+ 离子层大，也即 Cu^{2+} 离子层单位长度的电阻较大。因此，若在下层有 H^+，其迁移速度不仅比同层的 Cu^{2+} 快，而且要比处在上层的 H^+ 也快，它总能赶到上层去。反之，超前的 Cu^{2+} 也必会减慢迁移速度而到下层来，这样形成并保持了稳定的界面。同时，随着界面上移，H^+ 浓度减小，浓度增加，Cu^{2+} 迁移管内溶液电阻不断增大，整个回路的电流会逐渐下降。

通过离子迁移数的测定，用下式可求得离子的电迁移率：

$$u_+ = \frac{t_+ \Lambda_m}{F}, \quad u_- = \frac{t_- \Lambda_m}{F} \tag{5.17}$$

式(5.17)中，Λ_m 为一定温度下溶液的摩尔电导率，单位为 $S \cdot m^2 \cdot mol^{-1}$。

三、实验试剂与仪器

（1）实验试剂：0.1 mol/L HCl 标准溶液；0.1% 的甲基橙指示剂等。

（2）实验仪器：Cu 棒（$\phi 3 \ mm \times 30 \ mm$）；Pt 片；带恒温水夹套迁移管；LHQY300 V–5mA 型离子迁移数测定仪；超级恒温槽；秒表等。仪器装置如图 5.7 所示，图中虚线框内为离子迁移数测定仪基本测量电路。

四、实验步骤

（1）用去离子水与待测液先后淋洗迁移管的内壁，通恒温水使系统恒温于 $(25.0 \pm 0.1)\ ℃$。

（2）在迁移管底部安装 Cu 电极（注意：装、拆迁移管底部的铜电极时切勿用力过猛，以防底部细管断裂）。

（3）注入含甲基橙指示剂的浓度为 0.1 mol/L 的 HCl 标准溶液（其体积比为指示剂：酸 = 5：100）。用细电线将迁移管内可能存在的气泡引出，特别要注意消除迁移管底部铜电极上附着的气泡。

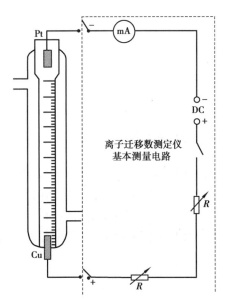

图 5.7　界面移动法实验装置图

（4）在迁移管顶部安装 Pt 电极，其中 Cu 电极和 Pt 电极分别与离子迁移数测定仪上"–""+"两接线端口相连接。检查电路接线准确无误后打开电源，预热 1 min 后打开"输出启动"旋钮，调电压微调旋钮控制直流电源输出电压为 300 V，调节"粗调""细调"两个电流调节旋钮，使电流表读数为 3.000 mA。（本实验用高压直流电作为电源，通电之后，手不要与接线夹、电极等金属裸露部位直接接触，以防触电）

（5）待迁移管内界面移动到 0.2 mL 时开始计时，界面每移过 0.02 mL 记录相应的时间和电流表读数，直至界面移动到 0.5 mL 为止。

五、实验数据处理

（1）由高精度数字式电流表测得的电流 I 对应的时间 t 作图,如图 5.8 所示,求出其包围的面积即总电量 It。如为直线,可按梯形法求出面积。

（2）用与总电量 It 对应的界面移过的体积 V,代入式（5.15）求得 t_{H^+}。

（3）已知 25.0 ℃时 0.1 mol/L HCl 溶液的摩尔电导率为 0.039 13 S·m²·mol⁻¹,30.0 ℃时为 0.041 91 S·m²·mol⁻¹,根据式（5.17）计算 H^+ 的电迁移率。

（4）考虑到迁移管的体积未经校正以及电源电压的波动,可以取不同间隔的体积 V 及对应的电量 It,分别求得 t_{H^+},再取平均值。

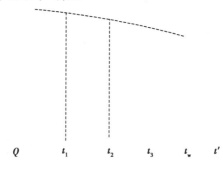

图 5.8　$I\text{-}t$ 积分

六、思考题

（1）为什么在迁移过程中会得到一个稳定界面? 为什么界面移动速度就是 H^+ 移动速度?

（2）如何能得到一个清晰的移动界面?

（3）实验过程中电流值为什么会逐渐减小?

（4）如何求得 Cl^- 的迁移数?

实验 6　原电池反应电动势及其温度系数的测定

一、实验目的

(1)理解并掌握抵消法测定原电池反应电动势的原理。

(2)测定原电池反应在不同温度下的电动势,计算与电池反应的有关热力学函数。

二、实验原理

测定某一原电池反应在不同温度下的电动势 E,即可求得电动势的温度系数 $\left(\dfrac{\delta E}{\delta T}\right)_p$,由

E 和 $\left(\dfrac{\delta E}{\delta T}\right)_p$ 据如下关系式可计算电池反应的吉氏函数变化、熵变与焓变:

$$\Delta_r G_m = -zFE \tag{5.18}$$

$$\Delta_r S_m = zF\left(\frac{\delta E}{\delta T}\right)_p \tag{5.19}$$

$$\Delta_r H_m = \Delta_r G_m + T\Delta_r S_m \tag{5.20}$$

以上式中,z 为反应的电荷数;F 为法拉第常数,$F = 9.648\ 5 \times 10^4\ \text{C/mol}$。

对于原电池:

$(-)\text{Zn} \mid \text{ZnCl}_2(0.1\ \text{mol/kg}), \text{KCl}(饱和) \mid \text{Hg}_2\text{Cl}_2, \text{Hg}(+)$

负极反应　　　　　　$\text{Zn (s)} \longrightarrow \text{Zn}^{2+} + 2e^-$

正极反应　　　　　　$\text{Hg}_2\text{Cl}_2\text{(s)} + 2e^- \longrightarrow 2\text{Cl}^- + 2\text{Hg (l)}$

电池反应　　　　　　$\text{Hg}_2\text{Cl}_2\text{(s)} + \text{Zn (s)} \longrightarrow \text{Zn}^{2+} + 2\text{Hg (l)} + 2\text{Cl}^-$

显然,该电池的电动势

$$E = E_{甘汞} - E\{\text{Zn}^{2+}, \text{Zn}\} \tag{5.21}$$

饱和甘汞电极反应的电极电势是已知的,所以由测得的电池反应电动势即可计算得到锌电极反应的电极电势。

三、实验试剂与仪器

(1)实验试剂:0.100 mol/kg ZnCl_2 溶液等。

(2)实验仪器:UJ-25 型直流高电势电位差计;ZH_2-B 型平衡指示仪;BC9 型饱和标准电池;恒温槽;饱和甘汞电极等。

四、实验步骤

(1)调节恒温槽至 (25.0 ± 0.1) ℃。

(2)根据下式计算室温下标准电池电动势:

$$E_{s,t} = E_{s,20} - 4.06 \times 10^{-5}(t-20) - 9.5 \times 10^{-7}(t-20)^2 \tag{5.22}$$

（3）按抵消法原理和 UJ-25 型直流高电势电位差计及 ZH$_2$-B 型平衡指示仪的使用方法，接妥测量线路。

（4）在 H 形电解槽内装好 ZnCl$_2$ 溶液，插入锌电极、饱和甘汞电极，分别测定原电池（-）Zn｜ZnCl$_2$(0.1 mol/kg)，KCl(饱和)｜Hg$_2$Cl$_2$，Hg(+) 在 25 ℃、30 ℃、35 ℃下的电池反应电动势。

本实验也可采用 CHI660 型电化学工作站开路电位测试技术测量原电池的电动势值。该工作站采用特制的高阻抗的数字电压测量元件，因其内阻足够大（约 10^{12} Ω），使测量过程中通过原电池的电流趋近于零，故测得端电压即为待测原电池的电动势。此方法较抵消法操作简便，抗干扰强，且能够实现连续测量，自动跟踪记录。

CHI 电化学工作站操作步骤：

（1）将白色导线接甘汞电极，绿色导线接锌电极，先后打开计算机和仪器的电源开关，预热 10 min。

（2）通过计算机工作界面操作仪器；在工具栏里选中"Technique"，在弹出各项测试技术菜单中选"Open Cricuit Potential"，单击"OK"确认，此时屏幕上显示"参数设定"对话框，设定最高电位（high）为 1.06 V，最低电位（low）为 1.02 V，信号采集时间间隔设置为 0.1 s，运行时间（run time）为 7 200 s。

（3）参数设定完毕，当实验温度稳定在指定值时单击工具栏中的"运行"键，此时仪器开始运行，数秒后显示当时的工作状况和开路电位随时间变化曲线。当电位读数在 2~3 min 内恒定不变时，稳定电位读数即为测量值，按下暂停键。

（4）调节实验温度，待温度恒定至下一设定温度值时，再按下"运行"键，进行下一个温度的电位数据测量。

（5）测量结束按"停止"键，单击工具栏中的"Graphics"，然后在"Graph Option"中单击"Present Data Plot"显示完整结果，输入文件名后存盘。

五、实验数据处理

（1）计算原电池反应电动势的温度系数（g）。可以作 E-T 图求斜率，也可以由三个温度下的 E、T 值代入方程 $E=a+bT+cT^2$，求解出 a、b、c 后，再由 E 对 T 求导而得。

（2）据式（5.18）、式（5.19）、式（5.20）分别计算 25 ℃时电池反应的 $\Delta_r G_m$、$\Delta_r S_m$ 和 $\Delta_r H_m$。

（3）由 25 ℃饱和甘汞电极反应的电势与 25 ℃下原电池反应电动势，计算 25 ℃时锌电极反应的电势 $E\{Zn^{2+},Zn\}$。

六、思考题

（1）为什么不能用普通电压表直接测量原电池反应电动势？请从全电路欧姆定律与平衡电势两方面进行解释。

（2）甘汞电极在使用时为什么应拔去支管上的橡皮帽？使用后又为什么应放置在饱和氯化钾溶液中？

（3）为什么用 UJ-25 型直流高电势电位差计测量原电池的电动势时，每次测量前均需用标准电池对电位差计进行标定？

实验 7　电动势法测定溶液 pH 值

一、实验目的

(1)理解并掌握抵消法测定原电池电动势的原理。

(2)理解电动势法测定溶液 pH 值的原理及测定方法。

二、实验原理

溶液的 pH 值可以用电动势法精确测量。把氢离子指示电极(对氢离子可逆的电极)与参比电极(一般是用饱和甘汞电极作参比电极)组成电池,由于参比电极的电极电势在一定条件下是不变的,那么原电池的电动势就会随着被测溶液中氢离子的活度而变化,因此可以通过测量原电池的电动势,进而计算出溶液的 pH 值。

醌-氢醌电极构造和操作都很简单,反应较快,不易中毒,不易损坏。对溶有气体的溶液,氧化还原性不强的溶液,含有盐类及氢电位系以上金属的溶液和未饱和的有机酸都可以进行测定,准确度达到 0.01 pH。

醌-氢醌[分子式 $C_6H_4O_2 \cdot C_6H_4(OH)_2$,简写成 $Q \cdot H_2Q$]在酸性水溶液中的溶解度很小,将少量此化合物加入待测溶液中,并插入一光亮铂电极构成一个醌-氢醌电极,其电极反应为

$$Q \cdot H_2Q \longleftrightarrow 2Q + 2H^+ + 2e^- \tag{5.23}$$

因为醌和氢的浓度相等,稀溶液情况下活度系数均接近 1,或者活度相等,因此

$$\varphi_{Q \cdot H_2Q} = \varphi_{Q \cdot H_2Q}^{\ominus} + \frac{RT}{2F} \ln \frac{\alpha(Q) \cdot \alpha(H^+)^2}{\alpha(Q \cdot H_2Q)} = \varphi_{Q \cdot H_2Q}^{\ominus} + \frac{RT}{2F} \ln \alpha(H^+)^2$$

$$= \varphi_{Q \cdot H_2Q}^{\ominus} - 2.303 \frac{RT}{F} pH \tag{5.24}$$

醌氢醌电极和参比电极构成的原电池的表达式如下:

$Hg(1), Hg_2Cl_2(s) | KCl(饱和) | 待测液(为 Q \cdot H_2Q 所饱和) | Pt$ 此电池的电动势为

$$E_{池} = \varphi_{Q \cdot H_2Q} - \varphi_{甘汞} = \varphi_{Q \cdot H_2Q}^{\ominus} - 2.303 \frac{RT}{F} pH - \varphi_{甘汞} \tag{5.25}$$

在 25 ℃下待测液 pH＝7.7 时,醌-氢醌电极电位与饱和甘汞电极电位相等;pH<7.7 时醌-氢醌电极为正极,用式(5.26)算出 pH 值;当 7.7≤pH<8.5 时,醌-氢醌电极作负极而饱和甘汞电极作正极,用式(5.27)算出 pH 值,测量时正负极不能接反;待测液 pH>8.5 时,由于溶液中醌(Q)的活度不能很好地近似等于氢醌(H_2Q)的活度,故不能用此法测量和计算,否则会有很大误差。

$$pH = \frac{\varphi_{Q \cdot H_2Q}^{\ominus} - E_{池} - \varphi_{甘汞}}{2.303 \frac{RT}{F}} \tag{5.26}$$

$$pH = \frac{\varphi_{Q \cdot H_2Q}^{\ominus} + E_{池} - \varphi_{甘汞}}{2.303 \frac{RT}{F}} \tag{5.27}$$

三、实验试剂与仪器

(1)实验试剂:醋酸-醋酸钠缓冲溶液;醌-氢醌等。

(2)实验仪器:BC9 型饱和标准电池;饱和甘汞电极;水浴恒温槽;UJ-25 型电位差计;甲电池(1.5 V);BC9 型饱和标准电池;AZ19 检流计;特制饱和甘汞电极;H 形玻璃测量管等。

四、实验步骤

(1)取待测溶液 1,加入少许 Q·H₂Q 固体,充分搅拌使其溶解达到饱和,然后插入铂电极而构成醌-氢醌电极作正极。把饱和甘汞电极插入待测液中作负极,与 Q·H₂Q 电极组成待测原电池。

(2)打开恒温槽,调节恒温槽温度为 25.0 ℃。

(3)读出标准电池所处的环境温度,根据式(5.28)计算室温时标准电池的电动势。

$$E_{s,t} = E_{s,20} - 4.06 \times 10^{-5}(t - 20) - 9.5 \times 10^{-7}(t - 20)^{-2} \tag{5.28}$$

(4)把检流计、标准电池、待测电池和工作电池接入电位差计中。

(5)把电位差计上的双向开关调至标准位置,校正好标准电池电动势。

(6)按下单向开关 K 看检流计指针是否有偏转,如有偏转则按粗、中、细、微的顺序调节可变电阻旋钮,使得按下单向开关 K 检流计指针几乎不偏转。如检流计指针单方向偏转或不偏转则需要检查连线是否有问题。

(7)把双向开关调至未知,按下单向开关 K 看检流计指针是否有偏转,如有偏转则调节表盘,使得按下单向开关 K 检流计指针几乎不偏转,此时表盘上显示的读数即为待测电池的电动势。

(8)分别取待测溶液 2 和待测溶液 3,重复以上步骤,测定待测电池的电动势。

五、数据处理

(1)根据式(5.25)求出 25 ℃时醌-氢醌电极的电极电势。

(2)根据式(5.26)或式(5.27)求出待测溶液的 pH 值。

六、思考题

(1)为什么不能用电压表直接测量原电池反应电动势?请从全电路欧姆定律与平衡电势两方面进行解释。

(2)甘汞电极使用后为什么应放置在饱和氯化钾溶液中?

(3)为什么每次测定电动势前都需用标准电池对电位差计进行标定?

(4)测定电池反应电动势时,为什么按电位差计上的单向开关应间断而短促?

(5)如果平衡指示仪指针在实验过程中不发生偏转或始终单方向偏转,从接线上分析可能有什么原因?

(6)如何用电化学方法测定溶液的 pH 值?

参数测量与数据处理篇

第 **6** 章
物理参数的测量及其控制

6.1 温度的测量及其控制

温度是物质冷热程度的度量,是物质内部大量分子和原子平均动能大小的表观直接反映,同时也是表述宏观物质系统状态的一个基本参数,即温度测量与控制是物理化学实验的一个重要内容。两个互为热平衡系统的温度相等是温度测量的基础,当温度计与被测体系之间真正达到热平衡时,与温度有关的物理量才能用以表征系统的温度,温标的选定会直接影响温度的测量值。

6.1.1　温标

原则上只要能随冷热的变化而发生单调的明显变化,且能够复现的物理量,均可用于表征温度,如水银温度计、镍铬-镍硅热电偶、铂电阻温度计、饱和蒸气温度计等物理量进行测温。实验证明,不同的测温参数与温度值之间不存在同样的线性关系,且温度本身又没有一个自然的起点,因而只能人为地规定一个参考点的温度值,即必须建立一套标准温标,规定温度的零点及其分度的方法并进行统一。

开尔文(Lord Kelvin)用可逆热机效率作为测温参数而建立的热力学温标,是目前最科学的温标之一,其与测温物质的性质无关,即热力学温度 T,单位为开尔文,用 K 表示。由于可逆热机无法制造成功,所以热力学温标不能在实际中应用。

理想气体的 pV 值随温度变化而不同,且与热力学温度呈严格的线性关系,据此建立了理想气体温标,用理想气体温度计可以复现热力学温标下的温度值。理想气体温度计是国际第一基准温度计。例如,按照 $T = f(p)$,用气体压力来表征温度的恒容气体温度计。

鉴于理想气体温度计结构复杂,操作麻烦,不能得到普遍使用,人们致力于建立一个易于使用且能精确复现,又能十分接近热力学温标的实用性温标,用它来统一世界各国温度的测量。这就是以热力学温标为基础,依靠理想气体温度计为桥梁的协议性的国际实用温标(ITS)。其主要内容是:

(1)用理想气体温度计确定一系列易于复现的高纯度物质的相平衡温度作为定义固定点温度,并给予最佳的热力学温度值。

(2)在不同温度范围内规定统一使用不同的基准温度计,并按指定的固定点分度。

(3)在不同的定义固定点之间的温度,规定用统一的内插公式求取。

目前,我们贯彻的是 1990 年第十八届国际计量大会通过的国际实用温标,即 ITS—90。选取如氧三相点(54.358 4 K)、水三相点(273.16 K)、锌凝固点(692.677 K)、金凝固点(1 337.33 K)等 14 个定义固定点。对于基准温度计的使用,规定在 13.803 3 K 到 961.78 K 用铂电阻温度计,961.78 ℃以上用辐射温度计。在不同温度区间也都规定了各自特定的内插公式及其求算方法。据此所测得的温度值与热力学温度极为接近其差值在现代测温技术的误差之内。

为贯彻国际实用温标,测温仪器分为三级:基准温度计、标准温度计与一般测温计(或记录仪表),根据测温精度要求不同,建立了一套温标传递系统,它是用上一等级的温度计对下一等级的温度计进行标定与检验,以保证温度测量的统一。我国国家计量科学院与国际计量局直接挂钩,负责对国家级基准温度计的校验,并定期标定各省、市计量单位的基准温度计。它还与各行业的测温工作形成一个逐级的温标传递组织网,通过对温度计的分度与校验以完成温标的传递,保证温度计在国际范围内的一致性和准确性。

应该指出,在 SI 中,热力学温度单位为开尔文 K(1 K 等于水三相点温度的 $\dfrac{1}{273.16}$),在其专有名词导出单位中仍有摄氏温度 t 的名称,t 的单位符号为℃。这里的℃已不是历史上所定的 101 325 Pa(1 个大气压)下水的冰点为 0 ℃、沸点为 100 ℃进行分度的摄氏度,而是用热力学温度 T 按下式定义:

$$t/\text{℃} \equiv T/\text{K} - 273.15 \tag{6.1}$$

SI 中的摄氏温度仅是热力学温度坐标零点移动的结果,反映以 273.15 K 为基点的热力学温度间隔。

6.1.2　玻璃液体温度计

玻璃液体温度计有水银温度计与酒精温度计,水银温度计如图 6.1 所示。其中毛细管顶部的安全泡,用于防止温度超过温度计使用范围时可能引起温度计的破裂。毛细管底部的扩大泡是用于代替毛细管储藏液体之用,以满足在测温范围内温度示值精度的要求。玻璃液体温度计利用液体的热胀冷缩性质来表征温度。当感温泡的温度变化时,内部液体体积随之变化,表现为毛细管中液柱弯月面的升高或降低。应该指出,我们观察到的毛细管中液柱高度的变化,实质上是液体本身体积变化与玻璃(感温泡、毛细管)体积变化之差。所以,在有关校正计算中,常用到液体视膨胀系数 α 的概念,即

图 6.1　水银温度计

$$\alpha = \alpha_{L} - \alpha_{G} \tag{6.2}$$

式(6.2)中,α_{L}、α_{G} 分别为液体与玻璃的平均膨胀系数。对水银温度计而言,$\alpha_{L} = 0.000\ 18\ \text{℃}^{-1}$,$\alpha_{G} = 0.000\ 02\ \text{℃}^{-1}$,则汞的膨胀系数 $\alpha = 0.000\ 16\ \text{℃}^{-1}$。

在玻璃液体温度计中,水银温度计使用最广泛。其优点是:

①汞体积随温度变化线性关系很好(尤其是在 100 ℃ 以下),便于温度计示值等分刻度。

②液相稳定的范围宽(常压下汞凝固点为 -38.9 ℃,若配成汞铊齐,凝固点可降到 -60 ℃;常压下汞沸点为 356.9 ℃,若在毛细管中充一定的惰性气体,沸点可升到 500 ℃ 以上)。

③汞对玻璃表面不润湿,黏附少,所以可用内径很小的毛细管,有利于提高示值精度。水银温度计按精度等级可分为一等标准温度计、二等标准温度计与实验温度计。实验温度计分度有 1 ℃、1/5 ℃、1/10 ℃ 等几种。按温度计在分度时的条件不同,可分为全浸式与局浸式两种。全浸式温度计使用时必须将温度计上的示值部分全浸入测温系统(为了读数方便起见,水银柱的弯月面可宽出系统,但露出部分不超过 1 cm);局浸式温度计使用时只需浸没到温度计下端某一规定的位置。一般来说,分度为 1/10 ℃ 的精密温度计都是全浸式温度计。

酒精度计也是常用的玻璃液体温度计,从表 6.1 可见,测温液体用酒精代替水银的优点是:

①膨胀系数大,所以在温度变化相同时,液柱高度的变化更显著。

②凝固点低,利于低温测量。

表 6.1　水银与酒精有关物性数据的比较

液体	沸点/℃	凝固点/℃	比热容 /(J·kg⁻¹·℃⁻¹)	膨胀系数 /(℃⁻¹)	传热系数 /(J·m⁻¹·s⁻¹·℃⁻¹)	测温范围/℃
水银	356.9	-38.9	125.5	0.000 18	8.33	-30 ~ 600
酒精	78.5	-117	2 426.7	0.001 1	0.180	-80 ~ 80

但酒精温度计也有以下4个缺点:

①体积随温度变化的线性关系较差,所以温度计示值等分刻度的误差较大。

②平均比热容比水银大将近20倍。显然,酒精温度计热惰性大、测温灵敏度差。

③传热系数小,故测温滞后现象明显。

④有机液体对玻璃润湿性好,易产生黏附现象,所以玻璃毛细管内径不宜太小,否则示值精度较差。即使如此,由于酒精毒性比汞小,制作方便,故在一般测温中(尤其对低温测量),酒精温度计仍被普遍使用。

6.1.3 热电偶

热电偶测温的适用范围很广,而且容易实现远距离测量、自动记录和自动控制,是物理化学实验中常用的测温元件,在科学实验和工业生产中得到了广泛的应用。

1)热电偶测温原理

当两种不同的金属 A 与 B 组成回路时,一个接点温度为 t,称为热端,另一个接点温度为 t_0 称为冷端(或参考端)。由于 A 与 B 金属的电子逸出功不同,在接点处产生的接触电势以及同一金属的两端由于温度不同而产生的温差电势,即构成了回路中的总热电势。从而,在回路中就有电流通过。这就是著名的塞贝克温差电现象,如图 6.2 所示。实验证明,回路总热电势 $E_{AB}(t,t_0)$ 为两接点热电势[$\varphi_{AB}(t)$ 与 $\varphi_{AB}(t_0)$]之差。显然,它的值取决于 A、B 材料的性质与两接点的温度,即

$$E_{AB}(t,t_0) = \varphi_{AB}(t) - \varphi_{AB}(t_0) \tag{6.3}$$

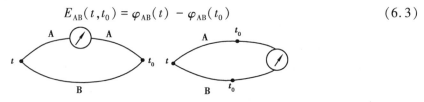

图 6.2 温差电现象

按国际实用温标规定,用热电偶测温时,冷端应处于 101 325 Pa 下冰水混合物的平衡温度,即 0 ℃。所以,当 A、B 材料确定后,$\varphi_{AB}(t_0) = c$(常数),回路的热电势仅为热端温度的单值函数

$$E_{AB}(t,t_0) = \varphi_{AB}(t) - c = f(t) \tag{6.4}$$

据此整理成的各热电偶 E-t 关系的图表或公式,即可方便地用于测量不同的温度。

2)常用热电偶及性能

关于常用热电偶的性能,可参见表 6.2。

表 6.2 常用热电偶的性能

材料	分度号	极性区别		100 ℃电势/mV	测温范围/℃	备注
		正极	负极			
铜-康铜	T	红色	银白色	4.277	−100 ~ 200	铜易氧化,宜在还原气氛中使用
镍铬-考铜	(EA-2)	暗色	银白色	6.808	0 ~ 600	热电势大,是很好的低温热电偶,但负极易氧化

续表

材料	分度号	极性区别		100 ℃电势/mV	测温范围/℃	备注
		正极	负极			
镍铬-镍硅	K(EU-2)	无磁性	有磁性	4.095	400 ~ 1 000	E-t 线性关系好,大于 500 ℃要求氧化气氛
铂铑$_{10}$-铂	S(LB-3)	较硬	柔软	0.645	800 ~ 1 300	宜在氧化性或中性气氛中使用

注:康铜为含 60% Cu 和 40% Ni 的合金,考铜为含 56% Cu 和 44% Ni 的合金。

此外,还值得推荐的是已成为商品的各种铠装热电偶,由金属套管、绝缘材料(如 MgO 粉末)和热电偶三者结合而成,坚固耐用,外径较小(18 mm),且有良好的可弯曲性等优点,便于安装到测温系统的特殊部位。

3)热电偶的校验和冷端补偿

在不同温度下,测出被测热电偶与标准热电偶的电动势,将其绘成图表;或按多项式 $E = a + bt + ct^2$ 测出三个特定点温度:锌点(419.58 ℃)、锑点(630.74 ℃)和铜点(1 084.5 ℃)的热电势,求得系数 a、b、c 后,即可计算不同热电势所对应的温度。

由于热电偶的热电势与温度的对照表,或根据热电势而标定的温度仪表都是以冷端 $t_0 = 0$ ℃为条件的,所以进行上述校验时都必须把冷端置于冰水浴中。

实际测温时,常遇到冷端所处的温度有三种情况:

(1)冷端处于冰水浴中。这时可直接从对应的 E-t 表中查到实际温度。

(2)冷端温度为 t_n(即冷端周围的环境温度)。这时应利用中间温度定律进行热电势补偿。中间温度定律指出:热电偶两接点温度为 $(t,0)$ 的热电势等于两接点温度分别为 (t,t_n) 和 $(t_n,0)$ 的热电势的代数和。t_n 在此即为中间温度。这就是说

$$E(t,t_n) = E(t,0) - E(t_n,0) \tag{6.5}$$

若 $t_n > 0$,则 $E(t_n,0) > 0$,$E(t,t_n) < E(t,0)$。仪表指示值偏低,应加上 $E(t_0,0)$ 的校正值。

[例]用镍铬-镍硅热电偶(EU-2)测一炉温,若冷端温度 $t_n = 30$ ℃,测得 $E_{EU}(t,30) = 23.71$ mV,求真实炉温。

从有关热电偶手册中的 EU-2 分度表,查到 $E_{EU}(30,0) = 1.20$ mV,根据式(5.8),$E(t,0) = 23.71 + 1.20 = 24.91$ mV。

对应 EU-2 的 24.91 mV,即 600 ℃。可见,若不进行校正而用 23.71 mV,即表示为 572 ℃的话,相差达 28 ℃。

(3)冷端处在温度波动的环境之中,此时可用补偿导线或冷端补偿器来校正。补偿导线是指在一定温度范围内与热电偶的热电性能相接近的金属导线。将其与热电偶同极相接后,把冷端延伸到温度恒定的位置(如冰水浴中或恒定的 t_n 温度环境中)即可克服冷端温度的波动。常用热电偶及其补偿导线材料见表 6.3。

表 6.3　常用热电偶及其补偿导线材料

	铜-康铜	镍铬-考铜	镍铬-镍硅	铂铑$_{10}$-铂
补偿导线及其极性标志颜色	铜(+,红色) 康铜(-,银白色)	镍铬(+,红色) 考铜(-,黄色)	铜(+,红色) 康铜(-,蓝色)	铜(+,红色) 铜镍(-,绿色)

冷端温度补偿器是一个串接在热电偶测温线路中可以输出毫伏信号的直流不平衡电桥。它的特点在于输出的 mV 值随冷端温度而变化,从而达到冷端温度自动补偿的目的。

6.1.4 电阻温度计

电阻温度计是利用导体或半导体的电阻为测温参数来测量温度的。对纯金属而言,温度升高,由于自由电子热运动的加剧以及金属晶格的振动对自由电子运动的干扰使其电阻增大,所以它的温度系数大于零。而半导体的电阻与温度的关系比较复杂,通常其温度系数小于零。

电阻温度计的主要指标是电阻的温度系数 α,即每升高 1 ℃电阻的变化值。若用 $0 \sim 100$ ℃电阻的变化定义 α,则:

$$\alpha = \frac{1}{R}\frac{\mathrm{d}R}{\mathrm{d}t} = \frac{R_{100} - R_0}{100R_0} \tag{6.6}$$

式中 R_{100} 与 R_0 分别为 100 ℃与 0 ℃的电阻值。显然,α 越大,测温灵敏度越高。

6.1.5 恒温槽及控温原理

1)液浴恒温槽

液浴恒温槽是实验室中控制恒温最常用的设备,最常用的是水浴槽,在较高温度时采用油浴(表6.4)。

表6.4 不同浴槽的恒温范围

恒温介质	恒温范围/℃
水	$5 \sim 95$
棉籽油、菜油	$100 \sim 200$
52～62 号汽缸油	$200 \sim 300$
55% KNO_3 和 45% $NaNO_3$	$300 \sim 500$

2)系统温度的精密控制

对被测系统的温度进行精密控制时,例如恒温、程序升温,则要求在控温调节规律上实现 PID 控制,即按照偏差(设定温度与系统温度之间的差值称为偏差)信号的变化规律,由调节器自动调节通过加热器的电流。

P——比例调节:加热电流的大小与偏差信号成正比,在时间上没有延迟。其缺点是当系统温度升至设定值时,偏差为零,加热电流也降为零,因而不能补偿系统向环境散热的热量损失。显然,单靠比例调节不能保证系统处于设定值时的热平衡,温度必然下降产生偏差。

I——积分调节:加热电流的大小不仅与偏差信号的大小有关,而且还取决于偏差存在时间的长短。只要有偏差,加热电流就不断变化,偏差存在的时间越长,输出电流的变化也就越大。其特点是积分调节作用滞后于偏差的存在。在比例调节的基础上运用积分调节,利用积分调节的滞后作用,可以减少或消除偏差。

D——微分调节:加热电流的大小正比于偏差对时间的导数。其特点是:微分调节的输出电流值,只与偏差的变化速率有关,而与偏差的存在与否无关,所以微分调节不单独使用。

在整个温度控制过程中合理利用上述 3 种调节作用的特点,优势互补,自动调节加热电流,可实现温度的精密控制。CK-1000 系列温度控制仪、DT-702 型精密温度控制仪都采用 PID 调节实现系统温度控制。

3)低温的获得

低温的获得主要靠一定配比的组分组成冷冻剂,并使其在低温建立相平衡。表 6.5 列举了常用的冷冻剂及其制冷温度。

表 6.5　常用的冷冻剂及其制冷温度

冷冻剂	液体介质	制冷温度/℃
冰	水	0
冰与 NaCl (质量比 3:1)	20% NaCl 溶液	−21
冰与 $MgCl_3 \cdot 6H_2O$ (质量比 3:2)	20% NaCl 溶液	−30 ~ −27
冰与 $CaCl_2 \cdot 6H_2O$ (质量比 2:3)	乙醇	−25 ~ −20
冰与浓 HNO_3 (质量比 2:1)	乙醇	−40 ~ −35
干冰	乙醇	−60
液氨		−196

6.2　压力的测量与控制

6.2.1　压力单位

压力是指均匀垂直于物体单位面积上的力。在国际单位制(SI)中,压力的单位是帕斯卡(Pa),即牛顿每平方米(N/m^2)。历史上常用的如下单位与其关系是:

(1)标准大气压(atm),过去也被称为物理大气压,它的定义为

$$1 \text{ atm} = 101 \ 325 \text{ Pa} \tag{6.7}$$

(2)毫米汞柱(mmHg),作为压力单位的定义为:在汞的标准密度为 13.595 1 g/cm^3 和标准重力加速度为 980.665 cm/s^2 下,1 mm 高的汞柱对底面的垂直压力,所以

$$1 \text{ mmHg} = 133.322 \text{ Pa} \tag{6.8}$$

(3)巴(bar),是在气象学上广泛应用的压力单位,与 Pa 的关系为

$$1\ bar\ =\ 10^5\ Pa \tag{6.9}$$

（4）工程大气压（kgf/cm²），指作用于 1 cm² 的面积上有 1 kgf 的力，其虽是非法定单位，但在工程技术上曾是广泛应用的压力单位。

$$1\ kgf/cm^2 = 9.806\ 65 \times 10^4\ Pa \tag{6.10}$$

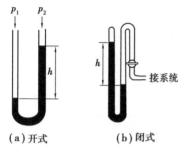

图 6.3 U 形压力计

6.2.2 U 形液柱压力计

U 形液柱压力计由于它制作容易，使用方便，能测量微小的压差，而且准确度也较高。实验室中广泛用于测量压差或真空度。

图 6.3（a）为两端开口的 U 形压力计。液面高度差 h 与压差（p_1-p_2）有如下关系：

$$h = \frac{1}{\rho g}(p_1 - p_2) = \frac{1}{\rho g}\Delta p_i \tag{6.11}$$

式中，ρ 为 U 形管内液体密度；g 为重力加速度。由此式可见，液柱高与压差成正比，故可用 h 数值表示。显然，选用液体的密度越小，测量的灵敏度越高。常用的液体是油、水或汞。液面差靠肉眼观察可精确到约 ±0.2 mm，若用测高仪，可进一步提高精度。

由于 U 形压力计两边玻璃管的内径难以完全相等，因此 h 值不可用一边的液柱高度变化乘以 2 来确定，以免引进读数误差。

测量低于 20 kPa（约相当于 150 mmHg）的压力，常用闭式 U 形压力计，如图 6.3（b）所示。其封闭端上部为真空，图中汞柱高 h 即代表系统压力。与开口式比较，使用时不必测量零压计中的液体通常选用硅油或石蜡油，因其蒸气压小（当然不能与系统中的物质有化学作用），当它与 U 形汞压力计连用时，因硅油的密度与汞相差甚大，故零压计中两液面若有微小高度差，可以忽略不计。若零压计中充以汞，在计算时则要考虑两液面之间的高度差。

6.2.3 气压计使用

测量大气压力，实验室用得最普遍的是福丁（Fortin）式气压计，如图 6.4 所示，主要部分是一根插在汞储槽 8 内的玻璃管 1。此玻璃管顶端封闭，内部真空口槽中的汞面 7 经槽盖缝隙与大气相通，管内汞柱高度表示了大气压力。玻璃管外为一黄铜管，其顶部开有长方形窗孔，窗孔旁附刻度

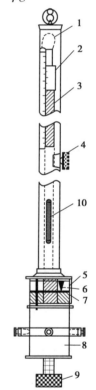

图 6.4 福丁式气压计
1—抽真空玻璃管；2—游标尺；
3—黄铜标尺；4—螺旋；5—玻璃管；
6—象牙针；7—通大气汞面；
8—汞储槽；9—螺旋；10—温度计

黄铜标尺 3 及游标尺 2，转动螺旋 4 使游标尺 2 上下移动，可精确测得汞柱高度。黄铜管中部附有温度计 10，用以对读数进行温度校正。汞储槽 8 的底部为一皮袋，下部由螺旋 9 支撑，转

动此螺旋可调节汞面的高低。汞储槽 8 上部有一针尖向下的固定象牙针 6,其针尖即为标尺的零点。

气压计应垂直悬挂。使用时首先调节零点,即旋转底部螺旋 9,调节汞储槽 8 的汞面恰与象牙针尖接触(调节时利用槽后白瓷板的反光,仔细观察汞面与针尖的间隙逐渐减少),然后转动螺旋 4 调节游标尺 2 直到游标尺 2 下缘恰与汞柱的凸弯月面相切(此时在切点两侧应露出似三角形的小空隙),即可从黄铜标尺 3 与游标尺 2 上读取读数。

6.2.4 恒压控制

实验中常要求系统保持恒定的压力(如 101 325 Pa 或某一负压),这就需要一套恒压装置,其基本原理如图 6.5(a)所示。在 U 形的控压计中充以汞(或电解质溶液),其中设有 a、b、c 三个电接点。当待控制的系统压力升高到规定的上限时,b、c 两接点通过汞(或电解质溶液)接通,随之电控系统工作使泵停止对系统加压;当压力降到规定的下限时,a、b 接点接通(b、c 断路),泵向系统加压,如此反复操作以达到控压目的。

U 形硫酸控压计如图 6.5(b)所示,在右支管中插一铂丝,在 U 形管下部接入另一铂丝,灌入浓硫酸,使液面与上铂丝下端刚好接触。这样,通过硫酸在两铂丝间形成通路。使用时,先开启左边活塞,使两支管内均处于要求的压力下,然后关闭活塞。

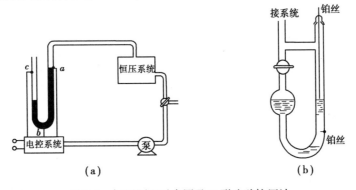

图 6.5 恒压原理示意图及 U 形硫酸控压计

若系统压力发生变化,则右支管液面波动,两铂丝之间的电信号时通时断地传给继电器,以此控制泵或电磁阀工作,从而达到控压目的(这与电接点温度计控温原理相同)。控压计左支管中间的扩大球的作用是只要系统中压力有微小的变化就会导致右支管液面较大的波动,从而提高了控压的灵敏度。由于浓硫酸黏度较大,控压计的管径应取一般 U 形采压力计管径的 3 ~ 4 倍为宜。至于控制恒常压的装置,一般采用(KI 或 NaCl)水溶液的控压计,就可取得很好的灵敏度。

6.2.5 真空的获得与测量

压力低于 101 325 Pa 的气态空间统称为真空。按气体的稀薄程度,真空可分为几个范围:
粗真空:1.33 ~ 101.325 kPa
低真空:0.133 ~ 1.33 Pa
高真空:0.133×10⁻⁵ ~ 0.133 Pa

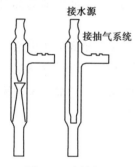

图 6.6 水抽气泵

在实验室中,欲获得粗真空常用水抽气泵;欲获得低真空用机械真空泵;欲获得高真空则需要机械真空泵与油扩散泵并用。现分述如下。

(1)水抽气泵。

水抽气泵结构如图 6.6 所示,它可用玻璃或金属制成,其工作原理是当水从泵内的收缩口高速喷出时,静压降低,水流周围的气体便被喷出的水流带走。使用时,只要将进水口接到水源上,调节水的流速就可改变泵的抽气速率。显然,它的极限真空度受水的饱和蒸气压限制,如 1 ℃时为 1.70 kPa,25 ℃时为 3.17 kPa 等。实验室中水抽气泵还广泛地用于抽滤沉淀物以及检拾散落在地的水银微粒。

(2)旋片式机械真空泵。

单级旋片式机械真空泵的内部有一圆筒形定子 4 与一精密加工的实心圆柱转子 5,转子偏心地装置在定子腔壁上方,分隔进气管和排气管,并起气密作用。两个翼片 S 及 ST′横嵌在转子圆柱体的直径上,被夹在它们中间的一根弹簧压紧,S 及 S′将转子和定子之间的空间分隔成三部分。当旋片在图 6.7(a)所示位置时,气体由待抽空的容器经过进气管 C 进入空间 A;当 S 随转子转动而处于图 6.7(b)所示位置时,空间 A 增大,气体经 C 管吸入;当继续转到图 6.7(c)所示位置,S′将空间 A 与进气管 C 隔断,待转到图 6.7(d)所示位置时,A 空

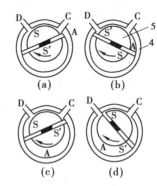

图 6.7 旋片式机械真空泵抽气过程

间气体从排气管 D 排出。转子如此周而复始地转动,两个翼片所分隔的空间不断地吸气和排气,使容器抽空达到一定的真空度。

旋片式机械真空泵的压缩比可达 700∶1,若待抽气体中有水蒸气或其他可凝性气体存在,当气体受压缩时,蒸气就可能凝结成小液滴混入泵内的机油中。这样,一方面破坏了机油的密封与润滑作用,另一方面蒸气的存在也降低了系统的真空度。为解决此问题,在泵内排气阀附近设一个限制空气进入的小口,当旋片转到一定位置时气镇阀门会自动打开,在被压缩的气体中掺入一定量的空气,使之在较低的气体压缩比时,即可凝性气体尚未冷凝为液体之际,便可顶开排气阀而把含有可凝性蒸气的气体抽走。单级旋片机械泵能达到的极限压强一般为 0.133~1.33 Pa。

使用机械泵时,因被抽气体中多少都含有可凝性气体,所以在进气口前应接一冷阱或吸收塔(如用氯化钙或分子筛吸收水蒸气,用活性炭吸附有机蒸气等)。当停泵前,应先使泵与大气相通,避免停泵后因存在压差而把泵内的机油倒吸到系统中去。

(3)扩散泵。

扩散泵的类型很多,构成泵体的材料有金属和玻璃两种。按喷嘴个数有"级"之分,如三级泵、四级泵等。泵中工作介质常用硅油。扩散泵总是作为后级泵与上述的机械泵作为前级泵联合使用。

6.3 光性测量

6.3.1 折射率与阿贝(Abbe)折射仪

1)基本原理

根据物理学定律,当单色光从介质Ⅰ进入介质Ⅱ时,由于光在两种介质中的传播速度不同,发生折射现象,入射角 i 和折射角 γ 有如下关系:

$$\frac{\sin i}{\sin \gamma} = \frac{v_1}{v_2} = \frac{n_{\text{Ⅱ}}}{n_{\text{Ⅰ}}} \tag{6.12}$$

式中 v_1、v_2 与 $n_{\text{Ⅰ}}$、$n_{\text{Ⅱ}}$ 分别为光在介质Ⅰ、Ⅱ中的传播速度和折射率。

按式(6.12),若加 $n_{\text{Ⅰ}} > n_{\text{Ⅱ}}$,则折射角 γ 恒小于入射角 i。当 i 增大到90°时,γ 也相应增大到最大值 γ_c,此时介质Ⅱ中在 OY 到 OA 之间有光线通过,表现为亮区;而在 OA 到 OX 之间则为暗区,称为临界折射角,它决定明暗两区分界线的位置。因 $\sin 90° = 1$,式(6.12)可简化为

$$n_{\text{Ⅰ}} = n_{\text{Ⅱ}} \sin \gamma_c \tag{6.13}$$

若介质Ⅱ的折射率 $n_{\text{Ⅱ}}$ 固定,则临界折射角 γ_c 仅决定于介质Ⅰ的折射率 $n_{\text{Ⅰ}}$。式(6.13)即为用阿贝折射仪测定液体折射率的基本依据。

2)阿贝折射仪的光路系统与调节方法

阿贝折射仪的光路系统及明暗分界线的形成如图6.8所示。

直角棱镜2、3在其对角线的平面上重叠,中间仅留微小缝隙使放入其中的待测液体形成薄层。当一单色光线从反射镜1射到棱镜2时,由于棱镜2的对角线平面是粗糙的毛玻璃,光线在毛玻璃上产生散射,散射光通过缝隙中的液层,从各个方向进入棱镜3产生折射。因为棱镜3折射率较高(约1.85),所以折射线均落在临界折射角之内,并穿过棱镜3。若用白光为光源,由于白光是各种波长的混合光,波长不同的光产生的折射也不同,以致呈现的明暗界线是一条较宽的模糊色带,这种现象称为色散。为消除色散,从棱镜3出来的折射光再经过两组色散棱镜4(阿密西棱镜),通过调节色散棱镜的位置就可以得到清晰的明暗分界线。随后由物镜5将此明暗分界线成像于分划板6上,经目镜7放大后成像供实验者观察。

上已述及,经下面棱镜2的毛玻璃表面进入上面棱镜3的射线为散射光,入射角从0°到90°都有,如图6.8(b)所示,设 a 为进入棱镜2入射角为90°的入射光线,b 为小于90°的入射光线,当这些光线通过棱镜3后,物镜将其聚焦于目镜视野之内。光线 a 的折射角最大,故在视野左边不会有光线通过,表现为暗区。而入射角小于90°的光线,折射后都在视野右边聚集,表现为明亮区。通过转动棱镜的位置,可把明暗区的分界线调节到视野中的十字线交叉点,随后从目镜的标尺中就可读得该液体的折射率数值。

阿贝折射仪测定折射率的范围是 $1.3 \sim 1.7$,精度可达 $\pm 0.000\ 1$,它的外形如图6.9所示。由于液体折射率与所用的光线波长和温度有关,通常用 n_D 表示(即指 $t\ ℃$ 时该液体对波长为589.3 nm的钠光D线的折射率)。为此在阿贝折射仪的上下两棱镜5、6的外面设有恒温水

接头 3。以保持棱镜恒温,其温度可从插在夹套中的温度计 8 读出。在实际测定时,从反射镜 7 接收日光的光源,通过调节消色补偿器 4,使日光中不同波长的混合光经色散棱镜的作用,会聚成与钠光 D 线相同的光路,因而测得结果即为 n_D 的数值。

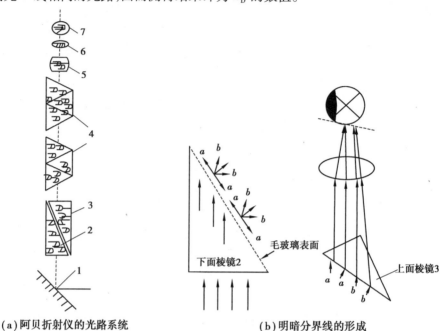

(a)阿贝折射仪的光路系统　　　　　　　　(b)明暗分界线的形成

图 6.8　阿贝折射仪的光路系统及明暗分界线的形成

1—反射镜;2、3—棱镜;4—色散棱镜;5—物镜;6—分划板;7—目镜

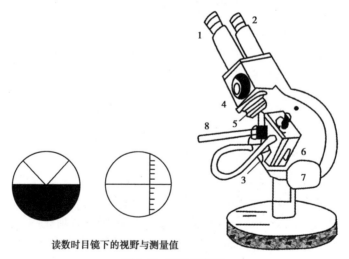

读数时目镜下的视野与测量值

图 6.9　阿贝折射仪

1—目镜;2—读数放大镜;3—恒温水接头;4—消色补偿器;5、6—棱镜;7—反射镜;8—温度计

阿贝折射仪使用之前,需用已知折射率的液体(如去离子水 $n_D = 1.332\ 5$)或标准玻璃块对其示值刻度进行校正。用标准玻璃块校正的方法如下:打开棱镜,将它向后旋转 180°,在标准玻璃块的抛光面上加一滴溴代萘后贴在上棱镜的抛光面上,标准玻璃块抛光侧应向上以便接受光线,先调节折射仪中读数为玻璃块的折射率值(已标在玻璃块上),再转动色散

棱镜手轮,观察明暗分界线是否恰在视野十字线交叉点。如有偏差,可利用示值调节螺丝进行调整。标准玻璃块的安置如图 6.10 所示。

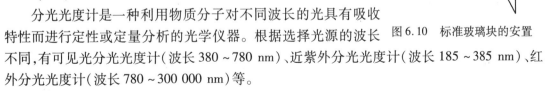

图 6.10　标准玻璃块的安置

6.3.2　光的吸收与分光光度计

1)基本原理

分光光度计是一种利用物质分子对不同波长的光具有吸收特性而进行定性或定量分析的光学仪器。根据选择光源的波长不同,有可见光分光光度计(波长 380 ~ 780 nm)、近紫外分光光度计(波长 185 ~ 385 nm)、红外分光光度计(波长 780 ~ 300 000 nm)等。

当一束平行光通过均匀、不散射的溶液时,一部分被溶液吸收,一部分透过溶液。能被溶液吸收的光的波长取决于溶液中分子发生能级跃迁时所需的能量。所以,物质对某波长的特定吸收光谱可作为定性分析的依据。

朗伯比尔定律指出:溶液对某一单色光吸收的强度与溶液的浓度 c、液层的厚度 b 有如下的关系:

$$\lg \frac{I_0}{I} = kcb \tag{6.14}$$

或

$$\frac{I}{I_0} = 10^{-kcb} \tag{6.15}$$

式中,I_0 与 I 分别为某波长单色光的入射光强度和通过溶液的透射光强度;$\lg \dfrac{I_0}{I}$ 为吸光度,常以 A 表示;k 为决定于入射光波长、溶液组成及其温度的常数。$\dfrac{I}{I_0}$ 为透光度,常以 T 表示,所以上述两式又可写为

$$A = kcb \tag{6.16}$$
$$T = 10^{-kcb} \tag{6.17}$$

当溶液浓度以 mol/L 为单位,吸收池(亦称比色皿)厚度以厘米为单位时,常数 k 称为摩尔吸光系数,通常以 ε 表示,故朗伯比尔定律也可写作

$$A = \varepsilon bc \tag{6.18}$$

显然,当装溶液的吸收池厚度 b 一定时,吸光度即与溶液浓度成正比,故在实际应用中多采用式(6.18)作为定量分析的依据。

使用分光光度计除可测定组分浓度外,还可通过测量吸光度,对有色弱酸(或有色弱碱)的离解常数、配合物的配位数进行测定。

2)可见光分光光度计的光路简介

图 6.11 是 7230G 型可见分光光度计(适用波长为 420 ~ 700 nm)的结构示意图。光源 1(铝丝灯)发出白光,经单色器 2(棱镜)色散成不同波长的单色光,由狭缝(图中未画出)射出。某一选定波长的单色光,入射到吸收池 3 盛放的溶液中,一部分光被溶液吸收后,透射光照射到光电管 5 上,经过光电转换,微弱的光电信号通过微电流放大器 6 放大后,由数字显示屏 7 显示吸光度 A(或透光度 T)的数值,也可采用自动记录并打印结果。

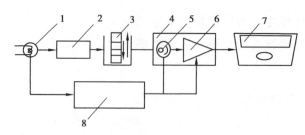

图 6.11 7230G 型可见光分光光度计结构示意图

1—光源；2—单色器；3—吸收池；4—光电管暗盒；
5—光电管；6—放大器；7—数字显示屏；8—稳压器

紫外分光光度计的光路，其光源→单色器分光→吸收光检测系统原则上与上述相同。主要区别在于因需要的波长不同，所以采用的光源也不同。在紫外分光中，一般用重氢灯（波长为 200～365 nm）作光源。分光单色器不用玻璃棱镜，而用不易被湿气侵蚀的玻璃光栅（如在玻璃片的 1 mm 内划 1 200 条刻痕，在两刻痕之间通过的光线，形成光栅的衍射光谱，起分光作用）。

3)7230G 型分光光度计的使用

（1）接通电源前，要检查电源插座是否按照规定 L 接火线，N 接零线，仪器使用时应避免强光照射。

（2）启动电源，仪器显示"F7230"。

（3）日期、时间设置：按"CE"键，仪器显示"YEA"。进入年份设置。按数字键输入对应年份后再按"MODE"键，输入成功，仪器显示"MON"，表示进入月份设置。输入月份后再按"MODE"键，输入成功，仪器显示"DA"，表示进入日期设置。同上分别进行日期"DA"、小时"HOU"、分钟"MIN"设置。设置完毕按"MODE"键，仪器进入时间显示模式。

（4）调节波长旋钮，选择所需的入射波长。

（5）四个比色皿，其中一个放入参比试样，其余三个放入待测试样，将比色皿放入样品池比色皿架中，用夹子夹紧，合上样品池暗箱盖。

（6）将参比试样推入光路，按"MODE"键，显示 $\tau(T)$ 状态或 A 状态。

（7）按"100%τ"键，直至显示"T100.0"或"A0.000"。

（8）打开样品池盖，按"0%τ"键，显示"T0.0"或"AE1"；盖上样品池盖，按"100%τ"键，直至显示"T100.0"或"A0.000"。

（9）将待测试样推入光路，显示试样 $\tau(T)$ 值或 A 值。重复操作，校核读数，再依次测量其他溶液的吸光度。如果要将待测试样的数据记录并打印出来，只要按"PRINT"键即可。

（10）测量完毕，取出吸收池，洗净擦干，关闭电源，拔下电源插头，罩好仪器罩。

4)测量条件的选择

为了保证光度测定的准确度和灵敏度，在测量吸光度时还需注意选择适当的测量条件，包括入射光波长、参比溶液和读数范围三方面的选择。

（1）入射光波长的选择。

由于溶液对不同波长的光吸收程度不同，即进行选择性的吸收，因此应选择最大吸收时的波长 λ_{max} 为入射光波长，这时摩尔吸光系数 ε 数值最大，测量的灵敏度较高。有时共存的干扰物质在待测物质的最大吸收波长 λ_{max} 处也有强烈吸收,或者最大吸收波长不在仪器的可测波长范围内,这时可选用 ε 值随波长改变而变化不太大的范围内的某一波长作为入射光波长。

(2)参比溶液的选择。

入射光照射装有待测溶液的吸收池时,将发生反射、吸收和透射等情况,而反射以及试剂、共存组分等对光的吸收也会造成透射光强度的减弱,为使光强度减弱仅与溶液中待测物质的浓度有关,必须通过参比溶液对上述影响进行校正,选择参比溶液的原则是:

①若共存组分、试剂在所选入射光波长 λ 测量处均不吸收入射光,则选用蒸馏水或纯溶剂作参比溶液。

②若试剂在所选入射光波长 λ 测量处吸收入射光,则以试剂空白作参比溶液。

③若共存组分在 λ 测量处吸收入射光,而试剂不吸收入射光,则以原试液作参比溶液。

④若共存组分和试剂 λ 测量处都吸收入射光,则取原试液掩蔽被测组分,再加入试剂后作为参比溶液。

除采用参比溶液进行校正外,还应使用光学性质相同、厚度相同的吸收池盛放待测溶液和参比溶液。

5)分光光度计的校正

分光光度计的校正主要是波长读数和吸光度读数的校正。波长读数可通过测绘已知标准特征峰的物质(如镨钕玻璃或苯蒸气)的吸收光谱与其标准吸收光谱图相比较而进行校正,如图 6.12 所示。吸光度读数校正值是利用与标准溶液(如铬酸钾溶液)的吸光度相比较而得。一般在 25 ℃下,取 0.040 0 g 铬酸钾溶于 1 L 0.05 mol/L 的 KOH 溶液中,在不同波长下测量其吸光度。现将其部分标准吸光度数据列于表 6.6 中。

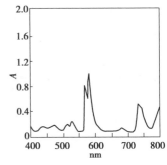

图 6.12　镨钕玻璃滤光片吸收光谱

表 6.6　标准铬酸钾溶液吸光度

波长/mm	500	450	400	350	300	250	200
吸光度	0.000 0	0.032 5	0.387 2	0.552 8	0.151 8	0.496 2	0.455 9

6.4　电化学测量

6.4.1　电导、电导率及其测量

电解质溶液依靠溶液中正负离子的定向运动而导电。其导电能力的大小常用电导 G 与电导率 κ 表示。

设有面积为 A、相距为 l 的两铂片电极插入电解质溶液中,根据电阻定律,测得此溶液的电阻 R 可表示为

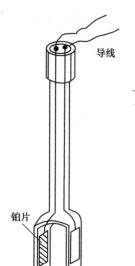

$$R = \rho \frac{l}{A} \qquad (6.19)$$

式中 ρ 为电阻率,单位为 $\Omega \cdot m$。定义电导 G 为电阻的倒数,即 $G = \frac{1}{R}$,代入式(6.19),得

$$G = \frac{1}{\rho} \cdot \frac{A}{l} = \kappa \frac{A}{l} \qquad (6.20)$$

令

$$\frac{A}{l} = K_{cell}$$

则

$$\kappa = G \frac{l}{A} = G K_{cell} \qquad (6.21)$$

图 6.13 电导电极

根据 SI 规定,G 单位为 S(西门子,西),$1\ S = 1\ \Omega^{-1}$。κ 为电阻率倒数,称为电导率,单位为 S/m。K_{cell} 称为电导池常数。对电解质溶液,电导率即相当于在电极面积为 $1\ m^2$、电极距离为 $1\ m$ 的立方体中盛有该溶液时的电导。测电导用的电导电极如图 6.13 所示,主要部件是两片固定在玻璃上的铂片,其电导池常数 K_{cell} 值可通过测定已知电导率的溶液(一般用各种标准浓度的 KCl 溶液)的电导按式(6.21)计算求得。

电导电极根据被测溶液电导率的大小可有不同的形式:若被测溶液电导率很小($\kappa < 10^{-3} S/m$),一般选用光亮铂电极。若被测溶液电导率较大($10^{-3} S/m < \kappa < 1\ S/m$),为防止极化的影响,选用镀上铂黑的铂电极以增大电极表面积,减小电流密度。若被测溶液的电导率很大($\kappa > 1\ S/m$),即电阻很小,应选用 U 形电导池,如图 6.14 所示,这种电导池两电极间距离较大(5~16 cm),极间管径很小,所以电导池常数很大。

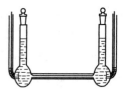

图 6.14 U 形电导池

电导或电导率的测定实质上是电阻的测定,测定的方法有平衡电桥法与电阻分压法两种。现分述如下:

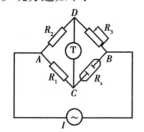

图 6.15 平衡电桥法测定原理
$R_1、R_2、R_3$—电阻;R_x—电导池;
I—高频交流电源;
T—平衡检测器

(1)平衡电桥法。

平衡电桥法测定原理如图 6.15 所示。R_x 为装在电导池内待测定的电解质溶液的电阻。桥路的电源 I 应用频率较高(如 1 000 Hz)的交流电源。因为若用直流电,必将引起离子定向迁移而在电极上放电。即使采用频率不高的交流电源,也会在两电极间产生极化电势,导致测量误差。T 为平衡检测器,相应地应用示波器或耳机。

根据电桥平衡原理,通过调节 R_1、R_2、R_3 的值,当电桥平衡,即桥路输出电位 U_{CD} 为零时,可根据式(6.22)求得

$$R_x = \frac{R_1}{R_2} \cdot R_3 \qquad (6.22)$$

为减少测定 R_x 的相对误差,在实际工作中常用等臂电桥,即 $R_1 = R_2$。应当指出,桥路中 R_1、R_2、R_3 均为纯电阻,而 R_x 由两片平行的电极组成,具有一定的分布电容。由于容抗和纯电阻之间存在着相位上的差异,所以按图 6.15 测量,不能调节到电桥完全平衡。若要精密测量,应在 R_x 处并联一个适当的电容,使桥路的容抗也能达到平衡。

(2)电阻分压法。

电导仪是基于电阻分压的不平衡测量进行工作的,其测定原理如图 6.16 所示。

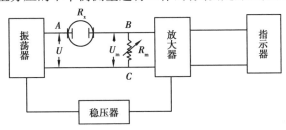

图 6.16　电阻分压法测定原理

稳压器输出一个稳定的直流电压,供振荡器与放大器稳定工作。振荡器采用电感负载式的多谐振荡电路,具有很低的输出阻抗,它的输出电压不随电导池的电阻 R_x 变化而变化。因此,它为电导池 R_x 与电阻 R_m 组成的电阻分压回路提供了稳定的音频标准电压 U。此回路电流 I 为

$$I = \frac{U}{R_x + R_m} \tag{6.23}$$

在 R_m 两端的电压降 U_m 为

$$U_m = IR_m = \frac{UR_m}{R_x + R_m} \tag{6.24}$$

根据式(6.20),则

$$U_m = \frac{UR_m}{1/G + R_m} \tag{6.25}$$

$$U_m = \frac{UR_m}{K_{cell}/\kappa + R_m} \tag{6.26}$$

若电导池常数 K_{cell} 值已知,R_m、U 为定值,则电阻 R_m 两端的电压降 U_m 是溶液电导率 κ 的函数,即 $U_m = f(k)$。因此,经数字转换,在电导率仪指示屏上可直接读得溶液的电导率值。

为了消除电导池两电极间的分布电容对 R_x 的影响,电导率仪中设有电容补偿电路,它通过电容产生一个反相电压加在 R_m 上,使电极间分布电容的影响得以消除。

电导仪的工作原理与电导率仪相同。根据式(6.25),当 R_m、U 为定值时,U_m 是溶液电导 G 的函数。据此,即可在电导仪的显示屏上直接读得溶液的电导值。

6.4.2　抵消法测定原电池电动势

1)直流电位差计

直流电位差计是按照抵消法原理设计的一种在电流接近于零的条件下测量电位差的仪器。它的精度很高,是测定电动势的最基本的仪器。

抵消法原理如图 6.17 所示。从图中可见,电路可分为工作回路和测量回路两部分。工

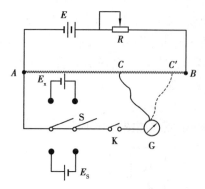

图 6.17　抵消法测定原理

E—工作电池；R—可变电阻；AB—滑线电阻；S—双刀双闸开关；E_x—待测电池；E_s—标准电池；K—电键；G—检流计

作回路由工作电池 E、可变电阻 R 和滑线电阻 AB 组成。测量回路由双刀双闸开关 S、待测电池 E_x（或标准电池 E_s）、电键 K、检流计 G 和滑线电阻的一部分组成。这里，工作回路中的工作电池与测量回路中的待测电池并接，当测量回路中电流为零时，工作电池在滑线电阻 AB 上的某一段电位降恰等于待测电池的电动势。

测量时，先将开关 S 合向标准电池 E_s，将滑动触点调节到 C 点。此时，AC 上的电位降恰等于标准电池电动势 E_s。例如 $E_s = 1.018\,3$ V，令 $R_{AC} = 1\,018.30$，通过调节可变电阻 R，使按下电键 K 时，检流计 G 中指针不偏转，即电流为零。这样利用标准电池即标定了工作回路电流 I 值：

$$I = \frac{1.018\,3}{1.018\,3} = 1.000\,(\text{mA})$$

即在电阻丝 AB 上，每欧姆长度的电位降为 1.0 mV。由于 AB 是均匀电阻丝，故 AB 段中任一部分的两端电位降与其长度成正比。然后将 S 合向待测电池 E_x 调节 AB 电阻丝上滑动触点的位置，如调至 C' 点时，按下电键 K，检流计指针不发生偏转，则待测电池的电动势 $E_x = IR_{AC'}$，若 $R_{AC'} = 109\,7.4\ \Omega$，则 $E_x = 1.097\,4$ V。

目前使用较多的是 UJ 型电位差计。如 UJ-25 型，该仪器上标有 0.01 级字样，表明其测量最大误差为满度值的 0.01%，即万分之一。它的可变电阻 R 由粗、中、细、微四挡组成，滑线电阻 AB 由 6 个转盘组成，所以测量读数最小值为 10^{-6} V。另外，如 UJ-36 型电位差计，测量原理相同，但精度较低，常用于测定热电偶的热电势，它的优点在于把标准电池、检流计等均组装在同一仪器中，使用比较方便。

2）标准电池

常用的标准电池为饱和式，有 H 管型和单管型两种。负极为镉汞齐（含 12.5% Cd），正极为汞和硫酸亚汞的糊体，两极之间盛以硫酸镉晶体 $CdSO_4 \cdot \frac{8}{3}H_2O$ 的饱和溶液。电池内反应如下：

负极：
$$Cd(汞齐) \longrightarrow Cd^{2+} + 2\,e^-$$

$$Cd^{2+} + SO_4^{2-} + \frac{8}{3}H_2O \longrightarrow CdSO_4 \cdot \frac{8}{3}H_2O$$

正极：
$$Hg_2SO_4(s) + 2e^- \longrightarrow 2Hg(l) + SO_4^{2-}$$

总反应：$Cd(汞齐) + Hg_2SO_4(s) + \frac{8}{3}H_2O \longrightarrow 2Hg(l) + CdSO_4 \cdot \frac{8}{3}H_2O$

标准电池的电动势有很好的重现性和稳定性，即只要严格按规定的配方与工艺进行制作，所得的电动势值都基本一致，且在恒温下可长时间保持不变。因此，它是电化学实验中基本的校验仪器之一。

标准电池检定后只给出 20 ℃下的电动势 $E_{s,20}$ 值，若在温度为 t ℃时实际测量，其电动势 $E_{s,t}$ 按如下校正式计算：

$$E_{s,t} = E_{s,20} - 4.06 \times 10^{-5}(t - 20) - 9.5 \times 10^{-7}(t - 20)^2 \tag{6.27}$$

尽管标准电池的可逆性好,但仍应严格限制通过标准电池的电流。一般要求通过的电流应小于 1 μA。因此,在测量时必须短暂、间歇地按电键,更不能用万用电表等直接测它的电压。从其结构上可以看到,标准电池不可倒置或过分倾斜,而且要避免振动。

此外,还有一种标准电池是干式的,其中溶液呈糊状且不饱和,故也称不饱和标准电池。这种标准电池的精度略差,一般可免除温度校正,常安装在便携式的电位差计之中。

3) 检流计

检流计主要用于直流电工作的电测仪器(如电位差计、电桥等)中指示平衡(示零)之用,有时也用于热分析或光-电系统中测量微小的电流值。

实验室中常用指针式的平衡指示仪。它的基本原理是利用运算放大器,将微弱直流电经放大后输入灵敏的检流系统,采用大面积的指针式表头。优点在于读数稳定、清晰,抗干扰能力强,精度也相当高。如 ZH_2-B 平衡指示仪即为一例。

当检流计与电位差计联用时,要注意两者间灵敏度的匹配。例如,上述的 UJ-25 型电位差计最小的电压分度为 10^{-6} V,若待测的原电池内阻为 1 000 Ω,则要求与之匹配的检流计必须能检出的最小电流应为 $\dfrac{10^{-6}\ \text{V}}{1\ 000\ \Omega} = 10^{-9}$ A。

因为检流计的标尺是以毫米为最小分度,所以要求检流计的灵敏度应为 10^{-9} A/mm。

6.4.3 参比电极与盐桥

1) 甘汞电极

甘汞电极结构简单,性能比较稳定,是实验室中最常用的参比电极。

甘汞电极的电极反应为

$$Hg_2Cl_2(s) + 2e^- \longrightarrow 2Hg(l) + 2Cl^-\ (a_{Cl^-})$$

它的电极电位可表示为

$$E\{Cl^-\mid Hg_2Cl_2(s),Hg\mid\} = E^{\ominus}\{Cl^-\mid Hg_2Cl_2(s),Hg\mid\} - \frac{RT}{F}\ln a_{Cl^-} \qquad (6.28)$$

由式(6.28)可知,$E\{Cl^-\mid Hg_2Cl_2(s),Hg\mid\}$ 仅与温度 T 和氯离子活度 a_{Cl^-} 有关。甘汞电极中常用的 KCl 溶液有 0.1 mol/L、1.0 mol/L 和饱和等三种浓度,其中以饱和式为最常用(使用时溶液内应保留少许 KCl 晶体,以保证饱和)。各种浓度的甘汞电极的电极电位与温度的关系见表6.7。

表 6.7 不同 KCl 浓度的 $E\{Cl^-\mid Hg_2Cl_2(s),Hg\mid\}$ 与温度的关系

KCl 浓度 $c/(\text{mol}\cdot\text{L}^{-1})$	电极电位 $E_{甘汞}$/V
饱和	$0.241\ 2-7.6\times10^{-4}(t-25)$
1.0	$0.280\ 1-2.4\times10^{-4}(t-25)$
0.1	$0.333\ 7-7.0\times10^{-4}(t-25)$

甘汞电极在实验中也可自制:在一个干净的研钵中放一定量的甘汞(Hg_2Cl_2)、数滴汞与少量饱和 KCl 溶液,仔细研磨后得到白色的糊状物(在研磨过程中,如果发现汞粒消失,应再加一点汞;如果汞粒不消失,则再加一些甘汞……以保证汞与甘汞相饱和)。随后在此糊状物中

加入饱和 KCl 溶液,搅拌均匀成悬浊液。将此悬浊液小心地倾入电极容器中待糊状物沉淀在汞面上后,打开活塞,用虹吸法使上层饱和 KCl 溶液充满 U 形支管,再关闭活塞,即制成甘汞电极。

2)银—氯化银电极

银—氯化银电极与甘汞电极相似,都是属于金属—微溶盐—负离子型的电极。它的电极反应和电极电位表示如下:

$$AgCl(s) + e^- \rightarrow Ag(s) + Cl^- (a_{Cl^-})$$

$$E\{Cl^- \mid AgCl, Ag \mid\} = E^\theta\{Cl^- \mid AgCl, Ag \mid\} - \frac{RT}{F}\ln a_{Cl^-} \tag{6.29}$$

由上述可见,$E\{Cl^- \mid AgCl, Ag \mid\}$ 也只决定于温度与氯离子活度。制备银—氯化银电极方法很多。较简便的方法是取一根洁净的银丝与一根铂丝,插入 0.1 mol/L 的盐酸溶液中,外接直流电源和可调电阻进行电镀。控制电流密度为 5 mA/cm^2,通电时间约 5 min,即在作为阳极的银丝表面镀上一层 AgCl。用去离子水洗净,为防止 AgCl 层因干燥而剥落,可将其浸在适当浓度的 KCl 溶液中,保存待用。

银—氯化银电极的电极电位在高温下较甘汞电极稳定。但 AgCl(s) 是光敏性物质,见光易分解,故应避免强光照射。当银的黑色微粒析出时,氯化银将略呈紫黑色。

3)盐桥

盐桥的作用在于减小原电池的液体接界电位。常用盐桥的制备方法如下:

在烧杯中配制一定量的 KCl 饱和溶液,再按溶液质量的 1% 称取琼脂粉浸入溶液中,用水浴加热并不断搅拌,直至琼脂全部溶解。随后用吸管将其灌入 U 形玻璃管中(注意,U 形管中不可夹有气泡),待冷却后凝成冻胶即制备完成。将此盐桥浸于饱和 KCl 溶液中,保存待用。

盐桥内除用 KCl 外,也可用其他正负离子的电迁移率相接近的盐类,如 KNO$_3$、NH$_4$NO$_3$ 等。具体选择时应防止盐桥中离子与原电池溶液中的物质发生反应,如原电池溶液中含有 Ag$^+$ 或 Hg$_2^{2+}$,为避免沉淀产生,不可使用 KCl 盐桥,而应选用 KNO$_3$ 或 NH$_4$NO$_3$ 盐桥。

6.4.4　电极的预处理

1)镀铂黑

为防止电极极化,经常需要在铂电极上镀铂黑。使用的镀液通常含有 3% 的氯铂酸 (H$_2$PtCl$_6$) 和 0.25% 的醋酸铅[Pb(Ac)$_2$],一般可将 3 g 氯铂酸和 0.25 g 醋酸铅溶于 100 mL 去离子水中即可。

氯铂酸是一种络合物,其离解常数很小,所以在镀液中只有极少量的铂离子。电镀时,铂离子在阴极被还原为铂镀层。由于镀层中的铂粒子非常细小,形成了黑色的蓬松镀层,称为铂黑。正由于铂黑粒子细小,增大了电极的有效表而积,可在测定时降低电流密度,有效地防止电极极化。

为了除去吸附在刚镀好的铂黑之中的氯气,应将电极用去离子水冲洗干净后浸入 10% 稀硫酸中作为阴极进行电解。电解过程中利用阴极放出的大量氢气,把吸附在铂黑上的氯气冲掉。脱氯后的铂黑电极,要用去离子水冲洗后,再浸入盛有去离子水的容器中备用。

2)汞齐化

金属电极,如锌、铜等,其电极电位往往由于金属表面的活性变化而不稳定。为了使其电极电势稳定,常用电极电势较高的汞将电极表面汞齐化,即形成汞合金。

汞齐化的操作如下:将硝酸亚汞$[Hg_2(NO_3)_2]$溶于 10% 稀硝酸中配成饱和溶液,将洁净的金属电极浸入其中,几秒后取出,用去离子水冲洗干净后,拿滤纸在电极表面仔细揩擦,使汞齐均匀地盖满电极的表面即可。

6.5　仪器使用介绍

6.5.1　PHS-3C 型 pH 计

PHS-3C 型 pH 计是测量溶液酸度的仪器。它以玻璃电极为指示电极(其中 Ag—AgCl 电极为内参比电极),甘汞电极为外参比电极,与被测溶液组成如下原电池:

Ag·AgCl│内缓冲溶液│内水化层│玻璃膜│外水化层│被测溶液│饱和甘汞电极

此电池的电动势可表达为

$$E = E^{\ominus} + 2.303 \frac{RT}{F} pH$$

式中 $E^{\ominus}$ 为常数。

当被测溶液的 pH 值发生变化时,电池的电动势 E 也随之而变。在一定温度范围内,pH 与 E 呈线性关系。为了方便操作,现在 pH 计上使用的都是用以上两种电极组合而成的单支复合电极。PHS-3C 型 pH 计如图 6.18 所示。

图 6.18　PHS-3C 型 pH 计

PHS-3C 型 pH 计操作步骤如下:

(1)开机前准备。

①将复合电极插入测量电极插座,调节电极夹至适当的位置。

②小心取下复合电极前端的电极套,电极用去离子水清洗后用滤纸吸干。

(2)打开电源开关,预热 20 min。

(3)仪器标定:

①将选择开关旋钮旋至 pH 挡;调节温度补偿旋钮,使旋钮上的白线对准溶液温度值。把斜率调节旋钮顺时针旋到底(即旋到 100% 位置)。

②将清洗过的电极插入 pH=6.86 的缓冲溶液中,调节定位旋钮,使仪器显示读数与该缓冲溶液在当时温度下的 pH 值一致。

③用去离子水清洗电极后再插入 pH= 4.00(或 pH=9.18)的标准缓冲液中,调节斜率旋钮,使仪器的显示读数与该缓冲液在当时温度下的 pH 值一致。

④重复②③操作,直至不用再调节定位或斜率旋钮为止。

注意:仪器经以上标定后,定位和斜率调节旋钮不可再有变动。

(4)测定:用去离子水清洗电极并用滤纸吸干。将电极浸入被测溶液,显示屏上的读数即为被测溶液的 pH 值。

6.5.2 JC98A 接触角仪

JC98A 接触角仪采用常用的液滴角度测量法测量液体在固体表面的接触角,由摄像机、光学系统、样品槽、自动平台、数据采样和数据处理等部分组成,其主机结构如图 6.19 所示。

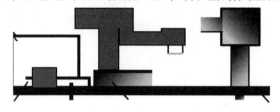

图 6.19 JC98A 接触角仪主机结构

JC98A 接触角仪操作步骤如下:

(1)沟通与采样。

①接通电源,打开计算机,单击 JC98A 进入主界面后单击 OPTION 菜单中的“CONNECT”选项,出现“OK”,表明计算机与仪器的通信沟通成功,如出现出错信息,请检查计算机与仪器的连线。

②单击活动图像激活视频显示,在样品槽内放入待测固体样品,并将充有待测液体的微量注射器插入样品槽。

③通过自动平台上的“上下”“左右”“旋转”“焦距”四个旋钮的调节使固体样品放置水平,微量针头图像清晰。

④针筒里打出 0.1~0.2 μL 的液体,与固体表面瞬间接触后迅速分离并单击“冻结图像”。

⑤在“File”中选“Save As”选择储存的文件夹,输入文件名并存储图像。

(2)量取角度。

①单击“量角器”进入量角法界面,单击“开始”打开文件夹,选中所需要计算的图形文件并量取角度。如图 6.20 所示(其中快捷键 Q:测量标尺向上,A:测量标尺向下,X:测量标尺向右,Z:测量标尺向左,<:测量标尺左旋,>:测量标尺右旋)。

②通过“<”与“>”键使量角器读数为 45°,通过“Q,R,X,A”将测量标尺移至如图 6.20 (a)所示位置,使测量尺与液滴边缘相切,然后下移测量尺,如图 6.20(b)所示。

③将交叉点与液滴边缘重合,旋转测量尺如图 6.20(c)所示,将测量尺与液滴一边相交,即得到接触角的数值。

④同上再做一遍右角的接触角并求平均值。注:做右角的接触角时应该用 180°减去所见的数值方为正确的数据。

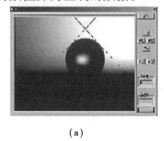  

(a)　　　　　　　　　　(b)　　　　　　　　　　(c)

图 6.20 量取角度

6.5.3　NGD-40a 自冷式凝固点测定仪

NGD-40a 自冷式凝固点测定仪具有独特的金属冷浴设计,避免了传统的液体冷浴(主要是水加冰)因自身凝固点不足导致有温度下限的问题。此仪器还具有使用寿命长、无污染、无噪声、体积小、制冷速度快、冷却温度随意设定、液晶大屏显示控温精度高、测定管夹套设计恒温效果好、冰花产生均匀等优点,实现了控制、读数自动化,减小了人为误差,实验结果重现性好,可用于实验教学,也能满足科研工作需要,如图 6.21 所示。

图 6.21　NGD-40a 自冷式凝固点测定仪

1) 原理

NGD-40a 自冷式凝固点测定仪冷浴装置采用测定管外侧嵌套有金属冷浴杯设计,金属冷浴杯外侧包覆有半导体制冷片,半导体制冷片上设有散热器,金属冷浴外层设有保温材料,使得测试系统可以用来测试凝固点较低的样品。

NGD-40a 自冷式凝固点测定仪的主要技术指标见表 6.8。

表 6.8　NGD-40a 自冷式凝固点测定仪的主要技术指标

型号	NGD-40a
温度分辨率	0.001 ℃
制冷工作电压	0 ~ 12 V
工作电流	−15 ~ 15 A
电源电压	220 V±10% ,50 Hz
制冷功率调节范围	0 ~ 150 W
冷浴目标温度控制范围	−25 ~ 10 ℃
温度测量范围	−50 ~ +180 ℃(可扩展)
辅助温度分辨率	0.01 ℃
计时锁定	0 ~ 100 s

2) 操作步骤

(1)将实验测定管清洗干净并进行干燥处理。

(2)检查测温探头,清洗测温探头并晾干。

(3)仪器开机预热,按一下"启停"键,再按"+""−"键设定目标温度 SV,使其温度低于所测溶剂的凝固点温度 4 ℃ 以下。

(4)在测定管内装入 25 mL 所测溶剂,旋紧夹持盖,放入金属冷浴。

(5)将温度传感器插入夹持盖导向孔内,将搅拌杆与搅拌器连接,打开垂直搅拌器开关,开始实验。

(6)待样品温度稳定,显示温度即为所测溶剂的凝固点,记录该值,关闭垂直搅拌器,取出测定管,用毛巾擦干测定管外壁,用手温热测定管,使管中固体完全熔化,再将测定管放入金属冷浴,打开垂直搅拌器,重复三次,取平均值。

(7)在测定管中加 0.2～0.3 g 萘,待萘完全溶解形成溶液后,旋紧夹持夹,放入金属冷浴,重复操作(6)。

(8)实验完毕,将溶液倒入回收瓶,整理实验台。

步冷曲线实验图形如图 6.22 所示;NGD-40a 自冷式凝固点测定仪面板如图 6.23 所示。

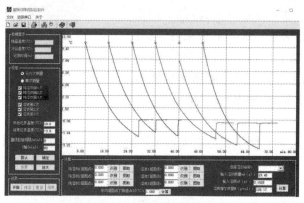

图 6.22　步冷曲线实验图形

图 6.23　NGD-40a 自冷式凝固点测定仪面板

3)注意事项

(1)实验所用测定管和搅拌器都必须洁净、干燥。温度探头冲洗干净,用滤纸擦干。

(2)实验过程中必须控制好金属冷浴的温度,一般使金属冷浴温度低于凝固点 4 ℃左右,防止过冷或制冷功率不够。

(3)建议过冷温度尽量控制在 0.5 ℃内。

(4)当出现大量的结晶,溶液的凝固点已经改变,平台会略微下降。

(5)溶剂、溶质的纯度会直接影响实验结果。

(6)实验结束后,按下"启停"键,使目标温度 SV 显示"off",关闭电源,同时关闭垂直搅拌器电源。

第**7**章
实验数据的测量和处理

物理化学实验中,对某一系统的物理化学性质及其与化学反应之间的关系进行研究,是以测量系统的某些物理量为基本内容的,通过对所测得的数据进行分析与处理,从中可得到某些重要的规律。

物理量的测量可分为直接测量与间接测量两种方式。直接表示所求结果的测量称为直接测量;例如秒表计时间、温度计测温度、天平称物质的质量等,也需要统一的标准,即国际单位(SI)。我国1984年公布了等效采用国际标准的法定计量单位。

物理化学实验的测量大量采用间接测量,即测量结果要由若干个直接测量的数据,应用某种公式通过计算才能得到的称为间接测量。

在测量时,由于所用仪器、实验方法、条件控制和实验者观察的局限性,所测得的实验数据实际上是带有随机误差的近似值,需要对其进行科学的处理。一方面要估计所得数据的可靠程度并予以合理的解释,另一方面还要将所得的数据进行整理、归纳,以一定的方式表示各数值之间的关系。前者需要误差理论基础知识,如误差传递、误差的分布、间接测量误差的计算等;后者则需要数据处理的基本技术,如列表、作图、数学解析、曲线拟合以及计算机处理实验数据等数据处理方法。

因此,测量标准、测量误差分析、数据处理是本章介绍的重点,也是衡量学生掌握物理化学实验技能的重要标准之一。

7.1 国际单位制(SI)与我国的法定计量单位

任何一个物理量都是用数值和单位的组合来表示的,即

$$数值 \times 单位 = 物理量$$

其中"数值"就是将某一物理量与该物理量的标准量进行比较后所得到的比值,测得的物理量必须注明单位,否则就没有意义。

我国对"单位"有明确的法定计量单位的规定。这些规定是国民经济、科学技术、文化教育等一切领域必须执行的强制性国家标准。我国的法定计量单位等效采用国际标准。它包

括国际单位制的基本单位、辅助单位、导出单位;由以上单位构成的组合形式单位;由词头和以上单位所构成的十进制倍数和分数单位;可与 SI 并用的我国法定计量单位。

国际单位制是在米制基础上发展起来的国际通用单位制,经过几届国际计量大会的修改,已发展成为由 7 个基本单位、2 个辅助单位和 19 个具有专门名称的单位制。所有的单位都有 1 个主单位,利用十进制倍数和分数的 20 个词头,可组成十进倍数单位和分数单位。SI 概括了各门科学技术领域的计量单位,并形成了有机联系,是科学性强、命名方法简单、使用方便的体系,已被许多国家和国际性科学技术组织所采用。至于 SI 的完整叙述和讨论,可参阅有关书刊以及我国的 GB 3100—1993、GB 3101—1993、GB 3102.1—1993 ~ GB 3102.13—1993 等文件。

在使用 SI 时,应注意以下几点关于单位与数值的规定:

(1)组合单位相乘时应该用圆点或空格,不用乘号。如密度单位可写成:$kg \cdot m^{-3}$ 或 kg/m^3,不可写成 $kg \times m^3$。

(2)组合单位中不能用一条以上的斜线。如 $J/(K \cdot mol)$,不可写成 J/K/mol。

(3)对于分子量纲为一,分母有量纲的组合单位,一般用负幂形式表示。如 K^{-1}、s^{-1} 不可能写成 1/K、1/s。

(4)任何物理量的单位符号都应放在整个数值的后面。如 1.52 m 不可写作 1. m52。

(5)不得使用重叠的冠词,如 nm(纳米)、Mg(兆克)不可写作 mμm(毫微米)、kkg(千千克)。

(6)数值相乘时,为避免与小数点相混,应采用乘号而不用圆点,如 2.58×6.17 不可写作 2.58 · 6.17。

(7)组合单位中,中文名称的写法与读法应与单位一致。如比热容 $J/(kg \cdot K)$,即"焦耳每千克开尔文",不应该写或读为"每千克开尔文焦耳"。

7.2 数据记录、有效数字及其运算规则

7.2.1 数据记录

为了得到准确的实验结果,不仅要准确地测量物理量,而且还应正确地记录测得的数据和计算,所记录的测量值的数字不仅表示数量的大小,而且要正确地反映测量的准确度。例如测得某电解质溶液电导率为 0.157 0 S/m,最后一位数字"0"是可疑的,可能有正负一个单位的误差,即该溶液的实际电导率是在(0.157 0±0.000 1)S/m 内的某一数值。此时电导率测量的绝对误差为±0.000 1 S/m,相对误差为

$$\frac{\pm 0.000\ 1}{0.157\ 0} \times 100\% = \pm 0.06\%$$

若将上述测量结果写成 0.157 S/m,则意味着该溶液的实际电导率将为(0.157±0.001)S/m 内的某一数值,即测量的绝对误差为±0.001 S/m 相对误差也将变为±0.6%。可见在记录测量结果时,于小数点后末尾多写或少写一位"0"数字,从数学角度看,关系不大,但是所反

映的测量准确度无形中被夸大了 10 倍或缩小为原来的 1/10。除了末位数字是估计值外,其余数字都是准确的,这样的数字称为"有效数字"。

数字"0"在数据中具有双重意义。它既可作为有效数字使用,如上例的情况;在另一种场合,则仅起定位作用。如测得另一溶液的电导率为 0.016 9 S/m,此数据仅有 3 位有效数字,数字前面的"0"只起定位作用。在改换单位时,并不能改变有效数字的位数,如量气管读数 20.30 mL,两个"0"都属于有效数字,若换算成以升为单位,则为 0.020 30 L,这时前面的两个"0"则是定位用的,不属于有效数字。当需要在数的末尾加"0"作定位用时,宜采用指数形式表示,如质量为 14.0 g,若以毫克为单位,应写成 1.40×10^4 mg。这样不会引起有效数字位数的误解,若写成 14 000 mg,就易被误解为 5 位有效数字。

7.2.2　数字修约规则

实验中所测得的各个数据,由于测量的准确程度不完全相同,因而其有效数字的位数可能也不相同,在计算时应弃去多余的数字进行修约。过去人们采用"四舍五入"的数字修约规则。现在根据我国国家标准,应采用下列规则:

(1)拟舍弃数字的最左一位数字小于 5,则舍去,保留其余各位数字不变。

例:将 12.149 8 修约到个数位,得 12;将 12.149 8 修约到一位小数,得 12.1。

(2)拟舍弃数字的最左一位数字大于 5,则进一,即保留数字的末位数字加 1。

例:将 1 268 修约到"百"数位,得 13×10^2(特定场合可写为 1 300)。

注:"特定场合"系指修约间隔明确时,下同。

(3)拟舍弃数字的最左一位数字是 5,且其后有非 0 数字时进一,即保留数字的末位数字加 1。

例:将 10.500 2 修约到个数位,得 11。

(4)拟舍弃数字的最左一位数字为 5,且其后无数字或皆为 0 时,若所保留的末位数字为奇数(1,3,5,7,9)则进一,即保留数字的末位数字加 1;若所保留的末位数字为偶数(0,2,4,6,8),则舍去。

例 1:修约间隔为 0.1(或 10^{-1})

拟修约数值	修约值
1.050	10×10^{-1}(特定场合可写成为 1.0)
0.35	4×10^{-1}(特定场合可写成为 0.4)

例 2:修约间隔为 1 000(或 10^3)

拟修约数值	修约值
2 500	2×10^3(特定场合可写成为 2 000)
2500	4×10^3(特定场合可写成为 4 000)

(5)负数修约时,先将它的绝对值按(1)~(4)的规定进行修约,然后在所得值前面加上负号。

例 1:将下列数字修约到"十"数位:

拟修约数值	修约值
−355	−36×10(特定场合可写为−360)

-325   -32×10（特定场合可写为-320）

例2：将下列数字修约到三位小数，即修约间隔为 10^{-3}：

拟修约数值   修约值

-0.036 5 $-36×10^{-3}$（特定场合可写为-0.036）

（6）拟修约数字应在确定修约间隔或指定修约数位后一次修约获得结果，不得多次按（1）~（5）规则连续修约。

例1：修约97.46，修约间隔为1。

正确的做法：97.46→97；

不正确的做法：97.46 →97.5→98。

例2：修约15.454 6，修约间隔为1。

正确的做法：15.454 6→15；

不正确的做法：15.454 6→15.455→15.46→15.5→16。

具体请参考《数值修约规则与极限数值的表示和判定》（GB/T 8170—2008）。

7.2.3 有效数字运算规则

在实验过程中，往往需经过几个不同的测量环节，然后再依计算式求算结果。在运算过程中，要注意按照下列规则合理取舍各数据的有效数字位数。

（1）加减运算中，结果数字的小数点后所取的位数应与各数中最少者相同。如：7.85+26.1364-8.647 38 =25.34。

（2）乘除运算中，结果的有效数字的位数应以相对误差最大（即位数最少）的数据为准。如：$\dfrac{0.078\ 25 × 12.0}{6.781} = 0.138$

（3）若一数据的第一位有效数字为8或9时，则有效数字的位数可多算一位，如8.42可看作4位有效数字。

（4）计算式中用到的常数，如 π、e 以及乘除因子如 $\sqrt{3}$、$\dfrac{1}{2}$ 等，可以认为其有效数字的位数是无限的，不影响其他数字的修约。

（5）对数计算中，对数小数点后的位数应与真数的有效数字位数相同。如：$[H^+] = 7.9 × 10^{-3}$ mol/L，则 pH=4.10。

（6）大多数情况下，表示误差时，取一位有效数字即已足够，最多取两位。

7.3 测量误差

在测量任何一个物理量时，人们发现，即使采用最可靠的方法，使用最精密的仪器，由技术很熟练的人员操作，也不可能得到绝对准确的结果。同一个人在相同条件下，对同一试样进行多次测定，所得结果也不会完全相同。这表明，误差是客观存在的。因此有必要了解误差产生的原因、出现的规律，减免误差的措施，并且学会对所得数据进行归纳、取舍等一系列处理方法,使测定结果尽量接近客观真实值。

7.3.1　误差分类及产生原因

根据误差的来源和特点,误差可分为系统误差(或称可测误差)和偶然误差(或称随机误差、未定误差)。

1) 系统误差

测定过程中有某些经常性的原因造成的误差,其特点是:在相同的条件下多次测量同一物理量时,其测量误差的大小和符号都不变,当改变测量条件时,它又按照某一确定的规律而变化,因而在相同的条件下重复多次测量,系统误差无法相互抵消。产生系统误差的具体原因有:

(1) 测定方法不当。测定方法本身不够完善,如反应不完全,采用了近似测量方法;或者由于计算公式不够严格,公式中系数的近似性而引入的误差。

(2) 仪器构造不完善,如温度计、移液管、压力计、电表的刻度不准而又未经校正、仪器零点漂移等。

(3) 环境因素变化,如测定过程中温度、湿度、气压等环境因素变化,对仪器产生影响而引入误差。

(4) 试剂纯度不够,如试样中含有微量杂质或干扰测定的物质,试剂浓度不准确或所使用的去离子水(或蒸馏水)不合规格,也将引入误差。

(5) 操作者的主观因素,如有的人对某种颜色的辨别特别敏锐或迟钝;记录某一信号的时间总是滞后;读数时眼睛的位置习惯性偏高或偏低等。

一般情况下,只有由不同的实验者,用不同的实验方法和不同的仪器所测得的数据相符合时,才可以认为系统误差已基本消除。

2) 偶然误差

偶然误差是由于测定过程中各种因素的不可控制的随机变动引起的误差。如观测时温度、气压的偶然微小波动,个人一时辨别的差异,在估计最后一位数值时几次读数不一致。偶然误差的大小、方向都不固定,在操作中不能完全避免。

偶然误差虽然由偶然因素引起,但其出现规律可用正态分布曲线表示,如图 7.1 所示。由图 7.1 可知偶然误差的规律是:

(1) 绝对值相等的正误差、负误差出现的概率几乎相等;小误差出现概率大,大误差出现概率小。

(2) 很大误差出现的概率近于零。

(3) 表征正态分布曲线的函数形式也称为高斯方程:

$$y = \frac{1}{\sigma\sqrt{2\pi}}\exp\left[\frac{(x-\mu)^2}{2\sigma^2}\right] \qquad (7.1)$$

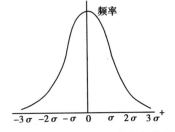

图 7.1　偶然误差的正态分布曲线

式(7.1)中,y 为偶然误差的概率;x 为各个测定值;σ 为测定的标准误差;μ 为正态分布的总体平均值,在消除了系统误差后,即为真值。

正态分布函数中有两个参数,真值 μ 表征数据的集中趋势,是曲线最高点所对应的横坐标。另一参数为标准误差 σ，表征测定数据的离散性，它取决于测定的精密度。σ 小，曲线峰形窄，数据较集中；σ 大，曲线峰形宽，数据分散。

从偶然误差的规律可知，在消除系统误差情况下，平行测定的次数越多，测得值的平均值越接近真值，因此可适当增加测定次数，减少偶然误差。

除上述两类误差外，还有所谓"过失误差"。这种误差是由实验者在实验过程中犯某种不该犯的错误所致，如看错读数、记录出错、计算错误等。这类"误差"无规律可循，对测定结果有严重影响，必须注意避免。对含有此类因素的测定值，应予以剔除，不能参加计算平均值。

7.3.2　准确度和精密度

1）准确度

定值 x 与真值 μ 的接近程度，两者差值越小，测定结果的准确度越高。准确度的高低，可用绝对误差和相对误差表示：

$$绝对误差 = x - \mu$$
$$相对误差 = \frac{x-\mu}{\mu} \times 100\% \tag{7.2}$$

相对误差表示误差在真实值中所占的百分数。相对误差与真实值和绝对误差两者的大小有关，用相对误差表示各种情况下测定结果的准确度更为确切、合理。绝对误差和相对误差都有正值和负值。正值表示测定结果偏高，负值表示测定结果偏低。

2）精密度

精密度是指在确定的条件下，反复多次测量所得结果之间的一致程度。用偏差表示个别测定值 x_i 与几次测定平均值 $\bar{x}$ 之间的差，有绝对偏差和相对偏差之分。

$$绝对偏差\ d = x_i - \bar{x}$$
$$相对偏差 = \frac{d}{x} \times 100\% = \frac{x_i - \bar{x}}{\bar{x}} \times 100\% \tag{7.3}$$

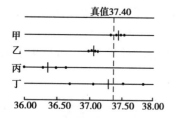

图 7.2　不同实验者测量结果比较
（"·"表示个别测定值，"|"表示平均值）

精密度表示测定结果的重要性。应该指出，准确度和精密度是两个不同的概念，图 7.2 可说明两者的关系。甲、乙、丙、丁 4 人测定同一物理量，甲的准确度、精密度均好，结果可靠；乙的精密度高，但准确度低；丙的精密度和准确度均差；丁的平均值虽然接近真值，但由于精密度差，其结果也不可靠。可见精密度是保证准确度的先决条件。精密度差，所得结果不可靠，但精密度高不一定保证其准确度也高。

这里要注意的是，由于真值往往不可能知道，在克服系统误差后，可认为无限多次测定的平均值即为真值：$\lim\limits_{n \to \infty} \bar{x} = \mu$，所以本书以后不再使用"偏差"，而统一使用"误差"。

7.4　测定结果的数据处理

在对所需的物理量进行测量之后,一般应校正系统误差和剔除错误的测定结果,然后计算出结果可能达到的准确范围。首先要把数据加以整理,剔除由于明显的原因而与其他测定结果相差甚远的那些数据,对一些精密度似乎不甚高的可疑数据,则按照本节所述的 Q 检验(或根据实验要求,按照其他规则)决定取舍,然后计算数据的平均值、各数据对平均值的误差、平均误差与标准误差,最后按照要求的置信度求出平均值的置信区间。

7.4.1　平均误差(算术平均误差)

平均误差通常用来表示一组数据的分散程度,即结果的精密度,计算式为

$$\overline{d} = \frac{\sum |x_i - \overline{x}|}{n} \tag{7.4}$$

式(7.4)中,$\overline{d}$ 为平均误差,x_i 为各个测定值;$\overline{x}$ 为几次测定的平均值。

相对平均误差为

$$\frac{\overline{d}}{\overline{x}} \times 100\% \tag{7.5}$$

用平均误差表示精密度比较简单,但有时数据中的大误差得不到应有的反映。如下面两组 $x_i - \overline{x}$ 的数据:

	A 组	B 组
	+0.26	-0.79
	-0.25	+0.22
	-0.37	+0.53
$x_i - \overline{x}$	+0.32	-0.44
	+0.40	0.00
	+0.40	0.00
$\overline{d}$	0.33	0.33

两组测定结果的平均误差虽然相同,但 B 组中明显出现一个较大的误差,其精密度不如 A 组好。

7.4.2　标准误差

当测定次数趋于无穷大时,总体标准误差 σ 计算式为

$$\sigma = \sqrt{\frac{\sum (x_i - \mu)^2}{n}} \tag{7.6}$$

151

在实际的测定工作中,只做有限次数的测定,根据概率可以推导出在有限测定次数时的样本。标准误差 s 计算如下:

$$s = \sqrt{\frac{\sum (x_i - \overline{x})^2}{n - 1}} \tag{7.7}$$

上例中两组数据的样本标准误差分别为:$s_A = 0.37$,$s_B = 0.48$。可见标准误差比平均误差能更灵敏地反映出大误差的存在,因而能较好地反映测定结果的精密度。

相对标准误差也称变异系数(CV),其计算式为

$$CV = \frac{S}{\overline{X}} \times 100\%$$

7.4.3 可疑数据的取舍

在实际工作中,常常会遇到一组平行测定中有个别数据远离其他数据,在计算前必须对这种可疑值进行合理的取舍,若可疑值不是由明显的过失造成的,就要根据偶然误差分布规律决定取舍。现介绍一种确定可疑数据取舍的方法——Q 检验法。

当测定次数在 3 ~ 10 次时,根据所要求的置信度按照下列步骤,对可疑值进行检验,再决定取舍。

(1)将各数据按递增的顺序排列:$x_1, x_2, \cdots x_n$,其中 x_1 或(和)x_n 为可疑值;

(2)求出:

$$Q = \frac{x_n - x_{n-1}}{x_n - x_1}$$

或

$$Q = \frac{x_2 - x_1}{x_n - x_1}$$

(3)根据测定次数 n 和要求的置信度(如 90%)查表 7.1 得出 $Q_{0.90}$;

(4)将 Q 与 $Q_{0.90}$ 相比,若 $Q > Q_{0.90}$ 则弃去可疑值,否则应予保留。

在 3 个以上数据中,需要对一个以上的可疑数据用 Q 检验决定取舍时,首先检验相差较大的值。

表7.1 不同置信度下,舍弃可疑数据的 Q 值

测定次数	$Q_{0.90}$	$Q_{0.95}$	$Q_{0.99}$
3	0.94	0.98	0.99
4	0.76	0.85	0.93
5	0.64	0.73	0.82
6	0.56	0.64	0.74
7	0.51	0.59	0.68
8	0.47	0.54	0.63
9	0.44	0.51	0.60
10	0.41	0.48	0.57

7.5　误差传递及其应用

在物理化学实验中,许多情况下,要对几个物理量按一定的测量步骤,直接测量出几个实验数据,然后按照一定的函数关系加以运算,才能得到所需的实验结果。显然,各测量步骤所引入的测量误差必将传递到最后结果中,从而影响其准确度。例如由实验测得一定温度 T、压力 p 时某气体的质量 m、相应的体积为 V,通过 $M = \dfrac{mRT}{PV}$ 求得该气体的摩尔质量。显然,这类间接测量的误差是由各直接测量值的误差决定的。

7.5.1　函数相对误差的传递规律

设一函数 $u = f(x, y, z)$,x、y、z 为测量值,其相应的绝对误差分别为 Δx、Δy、Δz。将 u 全微分,则

$$\mathrm{d}u = \left(\frac{\partial u}{\partial x}\right)_{y,z} \mathrm{d}x + \left(\frac{\partial u}{\partial y}\right)_{x,z} \mathrm{d}y + \left(\frac{\partial u}{\partial z}\right)_{x,y} \mathrm{d}z$$

$$\frac{\mathrm{d}u}{u} = \frac{1}{f(x,y,z)}\left[\left(\frac{\partial u}{\partial x}\right)_{y,z} \mathrm{d}x + \left(\frac{\partial u}{\partial y}\right)_{x,z} \mathrm{d}y + \left(\frac{\partial u}{\partial z}\right)_{x,y} \mathrm{d}z\right] \tag{7.8}$$

由于 $\Delta x, \Delta y, \Delta z$ 的值都很小,可以用其代替上式中的 $\mathrm{d}x, \mathrm{d}y, \mathrm{d}z$。且在估算 u 的最大误差时,是取各测量值误差的绝对值之和(即误差的累积)。因此,表示函数相对平均误差的普遍式,式(6.8)可具体化为

$$\frac{\mathrm{d}u}{u} = \frac{1}{f(x,y,z)}\left[\left|\frac{\partial u}{\partial x}\right| \cdot |\Delta x| + \left|\frac{\partial u}{\partial y}\right| \cdot |\Delta y| + \left|\frac{\partial u}{\partial z}\right| \cdot |\Delta z|\right] \tag{7.9}$$

利用

$$\frac{\Delta u}{u} \approx \frac{\mathrm{d}u}{u} = \mathrm{d}\ln f(x,y,z) \tag{7.10}$$

所以欲求任一函数的相对平均误差,也可以先取其函数的自然对数,然后再微分之,与式(6.9)相同,但比较方便。例如: $u = x + y + z$

$$\mathrm{d}\ln u = \mathrm{d}\ln f(x,y,z) \tag{7.11}$$

$$\frac{\Delta u}{u} = \frac{|\Delta x| + |\Delta y| + |\Delta z|}{x + y + z}$$

u 的最大可能的绝对误差的绝对值 $|\Delta u|_{\max}$ 为各测定量绝对误差的绝对值之和,即

$$|\Delta u|_{\max} = |\Delta x| + |\Delta y| + |\Delta z| \tag{7.12}$$

对于乘除运算,如 $u = x \cdot y \cdot z^2$,则 u 的最大可能相对误差的绝对值 $\left|\dfrac{\Delta u}{u}\right|_{\max}$ 为各测定量相对误差的绝对值之和,即

$$\left|\frac{\Delta u}{u}\right|_{\max} = \left|\frac{\Delta x}{x}\right| + \left|\frac{\Delta y}{y}\right| + 2\left|\frac{\Delta z}{z}\right| \tag{7.13}$$

应该指出,以上讨论的是各测定量的误差相互叠加而形成的最大可能误差,实际上,各测

153

定量的误差可能相互部分抵消,因此经传递后造成的误差,比按上式计算的要小些。

7.5.2 函数标准误差的传递规律

函数的相对误差除可以用平均误差表示外,还常用标准误差表示。设测量值 x、y、z 的标准误差分别为 S_x、S_y、S_z。则对于函数 $u = f(x,y,z)$,u 的相对标准误差 S_u 为

$$\frac{S_u}{u} = \sqrt{\left(\frac{1}{u}\frac{\partial u}{\partial x}\right)^2 S_x^2 + \left(\frac{1}{u}\frac{\partial u}{\partial y}\right)^2 S_y^2 + \left(\frac{1}{u}\frac{\partial u}{\partial z}\right)^2 S_z^2} \tag{7.14}$$

$$S_u = \sqrt{\left(\frac{\partial u}{\partial x}\right)^2 S_x^2 + \left(\frac{\partial u}{\partial y}\right)^2 S_y^2 + \left(\frac{\partial u}{\partial z}\right)^2 S_z^2} \tag{7.15}$$

对于加减法运算,最后结果的方差(即标准误差 S_n 的平方)为各测定量的方差之和。例如:$u = x + y + z$,则

$$S_u^2 = S_x^2 + S_y^2 + S_z^2$$

即

$$S_u = \sqrt{S_x^2 + S_y^2 + S_z^2} \tag{7.16}$$

对于乘除法运算,最后结果的相对误差的平方等于各测定量相对误差平方之和。例如:$u = xy \,/\, z$,则

$$\left(\frac{S_u}{u}\right)^2 = \left(\frac{S_x}{x}\right)^2 + \left(\frac{S_y}{y}\right)^2 + \left(\frac{S_z}{z}\right)^2$$

即

$$\frac{S_u}{u} = \sqrt{\left(\frac{S_x}{x}\right)^2 + \left(\frac{S_y}{y}\right)^2 + \left(\frac{S_z}{z}\right)^2} \tag{7.17}$$

从上述各计算式可知,在一系列测定步骤中,若某一测量环节引入 1% 的误差,而其余几个测量环节即使都保持 0.1% 的误差,整个测定的最后结果的误差也仍然在 1% 以上。因此在测定过程中,应注意使每个测量环节的误差接近一致或保持相同的数量级。表 7.2 列出了常见函数相对误差的两种表达式。

表 7.2　常见函数相对误差的表达式

函数式	相对平均误差	相对标准误差
$u = x + y$	$\pm\left(\dfrac{\mid\Delta x\mid + \mid\Delta y\mid}{x \pm y}\right)$	$\pm\dfrac{1}{x+y}\sqrt{S_x^2 + S_y^2}$
$u = x \cdot y$	$\pm\left(\left\|\dfrac{\Delta x}{x}\right\| + \left\|\dfrac{\Delta y}{y}\right\|\right)$	$\pm\sqrt{\dfrac{S_x^2}{x^2} + \dfrac{S_y^2}{y^2}}$
$u = \dfrac{x}{y}$	$\pm\left(\left\|\dfrac{\Delta x}{x}\right\| + \left\|\dfrac{\Delta y}{y}\right\|\right)$	$\pm\sqrt{\dfrac{S_x^2}{x^2} + \dfrac{S_y^2}{y^2}}$
$u = x^n$	$\pm\left(n\dfrac{\Delta x}{x}\right)$	$\pm\dfrac{n}{x}S_x$

函数式	相对平均误差	相对标准误差
$u = \ln x$	$\pm\left(n\,\dfrac{\lvert \Delta x \rvert}{x \ln x}\right)$	$\pm\dfrac{S_x}{x \ln x}$

7.5.3　函数误差传递分析的应用

(1)在确定的实验条件下,计算函数的最大误差,分析误差的主要来源。

【例】在测定萘溶解在苯中的溶液凝固点下降的实验中,试应用稀溶液依数性的公式:

$$M = \frac{K_f m_B}{m_{A(t_f^* - t_f)}}$$

求算萘的摩尔质量。式中, m_A 与 m_B 分别为纯苯与萘的质量; t_f^* 与 t_f 分别为纯苯与溶液的凝固温度; K_f 为苯的凝固点下降常数; M 为萘的摩尔质量。

若用分析天平称取萘 $m_B \approx 0.2\,g$,其称量误差 $\Delta m_B = \pm 0.000\,2\,g$;用工业天平称取溶剂苯 $m_A \approx 20\,g$, $\Delta m_A = \pm 0.04\,g$ 。用贝克曼温度计测量温差 $t_f^* - t_f \approx 0.3\,℃$;其测量误差 $\Delta(t_f^* - t_f) = \pm(0.004)℃$ 。那么萘的摩尔质量的最大相对误差可根据下式求得:

$$\left|\frac{\Delta M}{M}\right|_{max} = \left|\frac{\Delta m_B}{m_B}\right| + \left|\frac{\Delta m_A}{m_A}\right| + \left|\frac{\Delta(t_f^* - t_f)}{(t_f^* - t_f)}\right|$$

$$\left|\frac{\Delta M}{M}\right|_{max} = \frac{0.000\,2}{0.2} + \frac{0.04}{20} + \frac{0.004}{0.3} = (0.1 + 0.2 + 0.3) \times 10^{-2} = 1.6\%$$

由此可见,在上述条件下测定萘的摩尔质量的最大相对误差可达 $\pm 1.6\%$ 。其主要来源于凝固点下降的温差测定,即 $\dfrac{\Delta(t_f^* - t_f)}{t_f^* - t_f}$ 项。所以,要提高整个实验的精度,关键在于选用更精密的温度计。因为若改用分析天平称量溶剂,并不会提高结果的精度,相反却造成仪器与时间的浪费。如果采用增大溶液浓度的方法,从而增加温差,使误差 $\dfrac{\Delta(t_f^* - t_f)}{t_f^* - t_f}$ 减小,也是不可取的,因为溶液浓度增大后就不符合稀溶液条件,若仍应用上述稀溶液公式,则将引入系统误差。

(2)指导选择适当黏度的测量仪器,满足函数最大允许误差要求。

【例】测定一个半径 $r \approx 1\,cm$,高 $h \approx 5\,cm$ 的圆柱体的体积 V ,要求体积的相对平均误差 $\dfrac{\Delta V}{V} = \pm 1\%$,问测量 r 和 h 的精度如何要求?已知圆柱体体积 $V = \pi r^2 h$,根据

$$\left|\frac{\Delta V}{V}\right|_{max} = 2\left|\frac{\Delta r}{r}\right| + \left|\frac{\Delta h}{h}\right| = 0.01$$

为求各直接测量值的精度($\Delta r, \Delta h$),据等传播假设,令各测量值对函数误差的贡献相同,即:

$$2\left|\frac{\Delta r}{r}\right| = \left|\frac{\Delta h}{h}\right| = \frac{1}{2} \times 0.01$$

所以
$$\Delta r = \pm \frac{0.01}{2 \times 2} \times r = \pm 0.002\ 5 \times 10 = \pm 0.025\ (\text{mm})$$

$$\Delta h = \pm \frac{0.01}{2} \times h = \pm 0.005 \times 50 = \pm 0.25\ (\text{mm})$$

因此,测量半径 r 应使用螺旋测微器;测量高度 h 可用游标尺。

(3)在一定的仪器精度下,选择最有利的测量条件。

在利用惠斯通电桥测量电阻时,待测电阻 R_x 可由下式计算:

$$R_x = R \frac{l_1}{l_2} = R \frac{L - l_2}{l_2} \tag{7.18}$$

式中 R 是已知电阻,是电阻丝的全长($L = l_1 + l_2$)。因此,间接测量值 R_x 的误差取决于直接测量值 l_2 的误差。

由式(7.18)可得

$$\mathrm{d}R_x = \left(\frac{\partial R_x}{\partial l_2}\right)\mathrm{d}l_2 = \left[\frac{\partial\left(R\dfrac{L - l_2}{l_2}\right)}{\partial l_2}\right]\mathrm{d}l_2 = -\left(\frac{RL}{l_2^2}\right)\mathrm{d}l_2$$

相对误差为

$$\frac{\mathrm{d}R_x}{R_x} = \frac{-\left(\dfrac{RL}{l_2^2}\right)\mathrm{d}l_2}{R\dfrac{L - l_2}{l_2}} = \left[\frac{-L}{(L - l_2)l_2}\right]\mathrm{d}l_2$$

由于 L 是常量,所以当 $(L - l_2)l_2$ 为最大时,其相对误差最小,即

$$\frac{\mathrm{d}}{\mathrm{d}l_2}\left[(L - l_2)l_2\right] = 0$$

得
$$l_2 = \frac{L}{2}$$

所以用惠斯通电桥测量电阻时,电桥上的接触点最好调在 $l_1 = l_2$ 处,R_x 相对误差最小。

7.6 实验数据的整理与表达

取得实验数据后,应进行整理、归纳,并以简明的方法正确表达实验结果,通常有列表法、图解法、数学方程表示法以及直接利用计算机作图四种方法。现将四种方法分别介绍于后,可根据具体情况选择使用。

7.6.1 列表法

将一组实验数据中的自变量和因变量的数值按一定形式和顺序一一对应列成表格。制表时需注意以下事项:

(1)每一表格应有序号及完整而又简明的表名。在表名不足以说明表中数据含义时,则在表名或表格下方再附加说明,如有关实验条件、数据来源等。

（2）表格的首栏应以物理量/单位形式表示,如 V/mL、p/MPa、T/K 等,这样表格中所列的即为纯数值。

（3）自变量的数值常取整数或其他方便的值,其间距最好均匀,并按递增或递减的顺序排列。

（4）表中所列数值的有效数字位数应取舍适当;同一纵行中的小数点应上下对齐,以便相互比较;数值为零时应记作"0",数值空缺时应记一横画"—"。

（5）直接测量的数值可与处理的结果并列在一张表上,必要时在表的下方注明数据的处理方法或计算公式。

（6）列表法简单易行,不需要特殊图纸（如方格纸）和仪器,形式紧凑,又便于参考比较,在同一表格内,可以同时表示几个变量间的变化情况。实验的原始数据一般采用列表法记录。

7.6.2　图解法

将实验数据按自变量与因变量的对应关系标绘成图形。能够把变量间的变化趋向,如极大、极小、转折点、变化速率以及周期性等重要特征直观地显示出来,便于进行分析研究,是整理实验数据的重要方法之一。

为了能把实验数据正确地用图形表示出来,需注意以下一些作图要点。

（1）图纸的选择。通常用直角坐标纸,有时也用半对数坐标纸或对数坐标纸,在表达三组分体系相图时,则选用三角坐标纸。

（2）坐标轴及分度。习惯上以 x 轴代表自变量,y 轴代表因变量,每个坐标轴应以物理量/单位的形式注明,如 $c/(mol \cdot L^{-1})$, λ/nm, T/K 等。坐标分度应便于从图上读出任一点的坐标值,每格所代表的变量值以 1、2、4、5 等数值为最方便,不宜采用 3、6、7、9 等数值;通常可不必拘泥于以坐标原点作为分度的零点。曲线若系直线或近乎直线,则应使图形位于坐标纸的中央位置或对角线附近。

坐标的分度值与测定值的有效数字相一致时,才能正确表达实验数据及其变化规律,绘出的图形才能正确地反映变量间的函数关系。为表示出测量结果的精度,在坐标纸上取单位最小的格子表示有效数字的最后一位可靠数字（或可疑数字）。

（3）作图点的标绘。数据点以 ⊙ 或×标绘,小圆的直径与交叉线的长度应粗略表示该点的误差范围。若需在一张纸上表示几组不同的测量值时,则各组数据应分别选用不同形式的符号,以示区别,如用 ⊡、×、+、⊗ 等符号,并在图上简要注明不同的符号各代表何种情况。

（4）绘制曲线。如各实验点呈直线关系,用铅笔和直尺依各点的趋向,在点群之间画一直线,注意应使直线两侧点数近乎相等,或者更确切地说,应使各点与曲线距离的平方和为最小。对于曲线,一般在其平缓变化部分,测量点可取得少些,但在关键点,如滴定终点、极大、极小以及转折等变化较大的区间,应适当增加测量点的密度,以保证曲线所表示的规律是可靠的。描绘曲线时,一般不必通过图上所有的点及两端的点,但力求使各点均匀地分布在曲线两侧邻近。对于个别远离曲线的点,应检查测量和计算中是否有误,最好重新测量,如原测量确属无误,就应引起重视,并在该区间内重复进行更仔细的测量并适当增加该点两侧测量点的密度。

作图时先用硬铅笔(2H)沿各点的变化趋势轻轻描绘,再以曲线板逐段拟合手描线的曲率,绘出光滑曲线。为使各段连接处光滑连续,不要将曲线板上的曲线与手描线所有重合部分一次描完,以每次描 $1/2 \sim 2/3$ 段为宜。

(5)图名和说明。每图应有简明的标题,并注明取得数据的主要实验条件及实验日期。若 $x \sim y$ 呈曲线关系,如图 7.3 所示,要求曲线上 A 点的斜率,可采用如下方法:

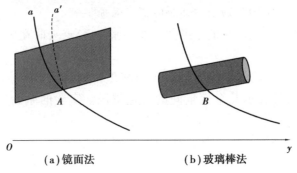

图 7.3　求曲线上点的斜率(示意)

①镜面法用一块平面镜垂直地通过 A 点,此时在镜中可以看到该曲线的映像(如 Aa'),调节曲线能连成一条光滑曲线,看不到转折(如 AA')。此时,沿镜面所作的直线就是曲线上 A 点的法线。该法线的垂线为 A 点的切线,其斜率为曲线上 A 点的斜率。

②玻璃棒法的原理同上,从玻璃棒中看到的映像与原曲线能连成一条光滑的曲线,沿玻璃棒作的直线,即 B 点法线,其垂线即 B 点切线。

③多项式求导法根据最小二乘法将此曲线拟合为多项式:

$$y = a_0 + a_1 x + a_2 x^2 + a_3 x^3$$

对其在 A 点 $(x_1 、 y_1)$ 求导,即求得 A 点斜率为:

$$a_1 + a_2 x + a_3 x^2$$

7.6.3　数学方程表示法

上述图解法可以形象地表现出某一被测物理量随其影响因素而变化的趋势或规律,有时为了更精确地表达这种因变量与自变量之间的数量关系,需将实验数据进行整理,总结为一个数学方程。为此先将有关数据作图,根据所得的图形,凭借已有的知识和经验,试探选择某一函数关系式,并确定其中各参数的最佳值,最后再对所得的函数关系式进行验证,以确定最佳的数学方程。

在各种实验曲线中,以直线的方程 $y = ax + b$ 最为简单,运用、计算也很方便,而且还可以从图上直接确定方程式中的常数 $a 、 b$。当 x 和 y 间为非线性函数时,可以通过坐标变换使函数式直线化,示例见表 7.3。

表 7.3　通过变换坐标使函数直线化

原函数式	坐标变换		直线化后的方程式 $Y = mX + c$
	Y	X	
$y = bx^n$	$\ln y$	$\ln x$	$Y = aX + \ln b$

续表

原函数式	坐标变换		直线化后的方程式 $Y = mX + c$
	Y	X	
$y = ba^x$	$\ln y$	x	$Y = X \ln a + \ln b$
$y = be^{ax}$	$\ln y$	x	$Y = aX + \ln b$
$y = a + bx^2$	y	x^2	$Y = bX + a$
$y = a + b \lg x$	y	$\lg x$	$Y = bX + a$
$y = \dfrac{1}{ax + b}$	$\dfrac{1}{y}$	x	$Y = aX + b$
$y = \dfrac{x}{ax + b}$	$\dfrac{x}{y}$ 或 $\dfrac{1}{y}$	x 或 $\dfrac{1}{x}$	$Y = aX + b$ 或 $Y = bX + a$

最小二乘法认为各实验点与回归直线间都存在或正或负的误差$(y_i - y_{i计})$但是误差的平方和均为正值。如果各点对某一直线的误差平方和为最小,则该直线即为最佳的回归直线。

基于这一原理,对于方程$y = ax + b$,假设各实验点的 x_i 为精确值,y_i 是包含偶然误差的值,设有 n 组的 x_i、y_i;实验数据,根据上述假设,即令 $\sum (y_i - y_{i计})$ 为最小,由极值条件可知:

$$\left[\frac{\partial \sum (y_i - ax_i - b)^2}{\partial a}\right]_b = 0$$

$$\left[\frac{\partial \sum (y_i - ax_i - b)^2}{\partial b}\right]_a = 0$$

联立两方程后,解之可得:

$$a = \frac{\sum x_i \sum y_i - n \sum x_i y_i}{\left(\sum x_i\right)^2 - n \sum x_i^2} \tag{7.19a}$$

$$b = \frac{\sum x_i y_i \sum x_i - \sum y_i \sum x_i^2}{\left(\sum x_i\right)^2 - n \sum x_i^2} = \frac{\sum y_i - a \sum x_i}{n} \tag{7.19b}$$

或

$$b = \overline{y} - a\overline{x}$$

其中 $\overline{x}$、$\overline{y}$ 分别是 x、y 的平均值。

回归方程的数字运算中,由于数据较多,而且步骤较繁,容易出错,最好在得出回归方程后进行验算,其方法之一是检验 $\sum y = a \sum x + nb$ 是否成立。

[例]根据下列实验数据,用最小二乘法回归直线方程:

x	1.00	1.50	2.00	2.50	3.00	3.50	4.00	4.50
y	2.892	2.410	1.985	1.603	1.187	0.797	0.505	0.156

No.	x	y	x^2	y^2	xy
1	1.00	2.892	1.00	8.364	2.892
2	1.50	2.410	2.25	5.808	3.615
3	2.00	1.985	4.00	3.940	3.970
4	2.50	1.603	6.25	2.570	4.008
5	3.00	1.187	9.00	1.409	3.561
6	3.50	0.797	12.25	0.635	2.790
7	4.00	0.505	16.00	0.255	2.020
8	4.50	0.156	20.25	0.024	0.702
$\sum$	22.00	11.535	71.00	23.005	23.558

$$a = \frac{22.00 \times 11.535 - 8 \times 23.558}{22.00^2 - 8 \times 71.00} = -0.777$$

$$b = \frac{11.535}{8} - (-0.777) \times \frac{22.00}{8} = 3.579$$

所以线性回归方程为

$$y = -0.777x + 3.579$$

验算

$$a \sum x + nb = (-0.777) \times 22.00 + 8 \times 3.579 = 11.538$$

说明计算无误。

用最小二乘法得到线性方程,其结果比较准确,具有统计意义。

采用最小二乘法时,在数字运算过程中不宜过早地修约数字,应在得出 a 和 b 的具体数值后,再做合理修约;常数 a 的有效数字位数应与自变量 x 的有效数字位数相等,或至多比 x 多保留一位。

由于在有些实验中,两个变量之间不呈十分严格的线性关系,这时即使用回归计算勉强求得一条回归直线,并不能表达客观现象的规律,也是没有意义的。因此要通过专业知识做出判断,或用相关系数 r 说明 x 与 y 之间线性关系的密切程度。

当 $|\gamma| = 1$ 时,说明 y 与 x 完全线性相关;而 $\gamma = 0$ 时,表明两者毫无线性关系,但是不否定 x 与 y 之间可能存在其他的非线性关系,因此在实验报告或论文中,如果用回归分析得出回归方程,往往还需算出相关系数 γ。

$$\gamma = \frac{\sum x_i y_i - \frac{1}{n} \sum x_i \cdot \sum y_i}{\sqrt{\sum x_i^2 - \frac{1}{n} \left(\sum x_i \right)^2} \cdot \sqrt{\sum y_i^2 - \frac{1}{n} \left(\sum y_i \right)^2}} \qquad (7.20)$$

由上例中各实验数据可求得其相关系数为 -0.9979,说明 y 与 x 之间的线性相关较为密切。

7.6.4 计算机处理实验数据和作图

随着计算机的普及,计算机处理实验数据和作图的软件也越来越多。如电子表格软件 Excel、专业作图软件 Origin、适用于物理化学计算的 Pascal 语言等。

由于一般计算机中都有 Office 套装软件 Excel,而且使用方便,因此实验中常用以列表法处理实验数据和一般函数曲线的绘制。现以"过氧化氢催化分解反应速率系数测定"实验数据处理为例,介绍应用 Excel 软件处理实验数据的主要方法。在本实验中采用积分法,以 $\ln(V_\infty - V_t)$,对时间 t 作图,将得到一条直线,直线的斜率即为一级反应的反应速率系数。操作步骤如下。

(1)输入实验数据。进入 Excel 软件,在二维表格内输入得到的实验数据。

(2)数据计算:

①选中 C7 单元格,在里面输入公式:=＄B8－＄B＄4,得数值:43.40。公式中＄B＄4 是绝对引用,＄B8 是混合引用。

②在 D8 单元格输入公式:= IN(＄C8)。

③选定 B8:D8 区域,向下拖曳 D7 右下角的实心十字填充柄至第 20 行,得到所有需要的数据。

(3)以 $\ln(V_\infty - V_t)$ 对时间 t 作图:选中 A8 到 A20,按住"Ctrl"键,继续选取 D8 到 D20,然后单击工具栏的 ▥ 按钮,将弹出一个对话框,选择"XY 散点图",再选择一种线形,按图表向导完成后续操作,图表内所有的元素都可以修改,在某个元素上单击鼠标右键,将出现该元素可以执行的操作,选择相应菜单就可对图表中所有的元素进行更改。

(4)对实验数据进行线性回归:选中 B22 到 C24,在单元格内输入:= LINEST(D6:D18, A6:A18,1,1),同时单击"Ctrl+ Shift+ Enter"键,可得到如下结果,其中 D6:D18 是 Y 轴值域,A6:A18 是 X 轴值域,后面的两个 1,1 表示截距和回归统计都出现。

线性回归结果表明: $\ln(V_\infty - V_t)$-t 图为直线,该反应为一级反应,其反应的速率系数 $k_1 = 0.14 \text{ min}^{-1}$。

附　录

附录1　国际单位制和基本常数

附表1.1　常用的SI导出单位

量		单位		
名称	符号	名称	符号	定义式
频率	ν	赫［兹］	Hz	s^{-1}
能量	E	焦［耳］	J	$kg \cdot m^2 \cdot s^{-2}$
力	F	牛［顿］	N	$kg \cdot m \cdot s^{-2} = J \cdot m^{-1}$
压力	p	帕［斯卡］	Pa	$kg \cdot m^{-1} \cdot s^{-2} = N \cdot m^{-2}$
功率	P	瓦［特］	W	$kg \cdot m^2 \cdot s^{-3} = J \cdot s^{-1}$
电量	Q	库［仑］	C	$A \cdot s$
电位、电压、电动势	U	伏［特］	V	$kg \cdot m^2 \cdot s^{-3} \cdot A^{-1} = J \cdot A^{-1} \cdot s^{-1}$
电阻	R	欧［姆］	Ω	$kg \cdot m^2 \cdot s^{-3} \cdot A^{-2} = V \cdot A^{-1}$
电导	G	西［门子］	S	$kg^{-1} \cdot m^{-2} \cdot s^3 \cdot A^2 = \Omega^{-1}$
电容	C	法［拉］	F	$A^2 \cdot S^4 \cdot kg^{-1} \cdot m^{-2} = A \cdot s \cdot V^{-1}$
磁通量	Φ	韦［伯］	b	$kg \cdot m^2 \cdot s^{-2} \cdot A^{-1} = V \cdot s$
电感	L	亨［利］	H	$kg \cdot m^2 \cdot s^{-2} \cdot A^{-2} = V \cdot A^{-1} \cdot s$
磁通量密度（磁感应强度）	B	特［斯拉］	T	$kg \cdot s^{-2} \cdot A^{-1} = V \cdot s$

附表 1.2 用于构成十进倍数和分数单位的词头

倍数	词头名称	词头符号	分数	词头名称	词头符号
10^{18}	艾［可萨］(exa)	E	10^{-1}	分(deci)	d
10^{15}	拍［它］(peta)	P	10^{-2}	厘(centi)	c
10^{12}	太［拉］(tera)	T	10^{-3}	毫(milli)	m
10^{9}	吉［咖］(giga)	G	10^{-6}	微(micro)	μ
10^{6}	兆(mega)	M	10^{-9}	纳［诺］(nano)	n
10^{3}	千(kilo)	k	10^{-12}	皮［可］(pico)	p
10^{2}	百(hecto)	h	10^{-15}	飞［母托］(femto)	f
10^{1}	十(deca)	da	10^{-18}	阿［托］(atto)	a

附表 1.3 一些物理和化学的基本常数(1986 年国际推荐值)

量	符号	数值	单位	相对不确定度(ppm)
光速	c	299 792 458	$m \cdot s^{-1}$	定义值
真空磁导率	μ_0	4π	$10^{-7} N \cdot A^{-2}$	定义值
真空电容率,$1/(\mu_0 C^2)$	ε_0	8.854 187 817…	$10^{-12} F \cdot m^{-1}$	定义值
牛顿引力常数	G	6.672 59(85)	$10^{-11} m^3 \cdot kg^{-1} \cdot s^{-2}$	128
普朗克常数	h	6.626 075 5(40)	$10^{-34} J \cdot s$	0.60
基本电荷	e	1.602 177 33(49)	$10^{-19} C$	0.30
电子质量	m_e	0.910 938 97(54)	$10^{-30} kg$	0.59
质子质量	m_p	1.672 623 1(10)	$10^{-27} kg$	0.59
质子-电子质量比	m_p/m_e	1 836.152 701(37)		0.020
精细结构常数	α	7.297 353 08(33)	10^{-3}	0.045
精细结构常数的倒数	α^{-1}	137.035 989 5(61)		0.045
里德伯常数	R_∞	10 973 731.534(13)	m^{-1}	0.001 2
阿伏加德罗常数	N_A	6.022 136 7(36)	$10^{23} mol^{-1}$	0.59
法拉第常数	F	96 485.309(29)	$C \cdot mol^{-1}$	0.30
摩尔气体常数	R	8.314 510(70)	$J \cdot mol^{-1} \cdot K^{-1}$	8.4
玻尔兹曼常数,R/L_A	k	1.380 658(12)	$10^{-23} J \cdot K^{-1}$	8.5
斯特藩-玻尔兹曼常数	σ	5.670 51(12)	$10^{-8} W \cdot m^{-2} \cdot K^{-4}$	34
电子伏,$(e/C)J = \{e\} J$	eV	1.602 177 33(49)	$10^{-19} J$	0.30
原子质量常数,$1/12m(^{12}C)$	μ	1.660 540 2(10)	$10^{-27} kg$	0.59

附录2 物理化学实验常用数据表

附表2.1 不同温度下水的饱和蒸汽压

温度 /℃	0.0		0.2		0.4		0.6		0.8	
	mmHg	Pa	mmHg	Pa	mmHg	Pa	mmHg	Pa	mmHg	Pa
15	1.436	191.45	1.414	188.52	1.390	185.32	1.368	182.38	1.345	179.32
14	1.560	209.98	1.534	204.52	1.511	201.45	1.485	197.98	1 460	194.65
−13	1.691	225.45	1.665	221.98	1.637	218.25	1.611	214.78	1.585	211.32
12	1 834	244.51	1.804	240.51	1.776	236.78	1.748	233.05	1.720	229.31
−11	1.987	264.91	1.955	260.64	1.924	256.51	1 893	252.3 8	1.863	248.38
−10	2.149	286.51	2.116	282.11	2.084	277.84	2.050	273.3 1	2.018	269.04
−9	2.326	310.11	2.289	305.1 7	2.254	300.51	2.219	295 84	2.184	291.18
−8	2.514	335.17	2.475	329.97	2 437	324.9 1	2.399	319.84	2.362	314.91
−7	2.715	361.97	2.674	356.50	2.633	351.04	2.593	345.70	2.533	340.3 7
−6	2.931	390.77	2.887	384.90	2.843	379.03	2.800	373.30	2.757	367.57
−5	3.163	421.70	3.115	415.30	3.069	409.17	3.022	402.90	2.976	396.7
−4	3 410	454.63	3 359	447.83	3.309	441.16	3.259	434.50	3.211	428.10
−3	3.673	489.69	3 620	482.63	3.567	475.56	3.514	468.49	3.461	461.43
−2	3.956	527.42	3.898	519.69	3.841	512.09	3.785	504.62	3.730	497.29
−1	4.258	567.69	4.196	559.42	4.135	551.29	4.075	543.29	4.016	535.42
−0	4.579	610.48	4.513	601.68	4 448	593 02	4.385	584.62	4.320	575.95
0	4.579	610.48	4.647	619.35	4.715	628.61	4.785	637.95	4.855	647.28
1	4.926	656.74	4.998	666.34	5.070	675.94	5.144	685.81	5.219	685.81
2	5.529	705 81	5.370	716.94	5.447	726.20	5.525	736.60	5.605	747.27
3	5.685	757.94	5.766	768.73	5.848	779.67	5.931	790.73	6.015	801.93
4	6.101	713.40	6.187	824.86	6.274	836.46	6.363	848.33	6.453	860.33
5	6.543	872.33	6.635	884.59	6.728	896.99	6.822	909.52	6.917	922.19
6	7.013	934.99	7.111	948.05	7.209	961.12	7.309	974.45	7.411	988.05
7	7.513	1 001.65	7.617	1 015.51	7.722	1 029.51	7.828	1 043.64	7.936	1 058.04
8	8.045	1 072.58	8.155	1 087.24	8.267	1 102.17	8.380	1 117.24	8.494	1 132.44
9	8.609	1 147.77	8.727	1 163.50	8.845	1 179.23	8.965	1 195.23	9.086	1 211.36
10	9.209	1 227.76	9.333	1 244.29	9.458	1 260.96	9.585	1 277 89	9.714	1 295.09
11	9.844	1 312.42	9.976	1 330.02	10.109	1 347.75	10.244	1 365.75	10.380	1 383.88

续表

温度/℃	0.0		0.2		0.4		0.6		0.8	
	mmHg	Pa	mmHg	Pa	mmHg	Pa	mmHg	Pa	mmHg	Pa
12	10.518	1 402.28	10.658	1 420.95	10.799	1 439.74	10.941	1 458.68	11.085	1 477.87
13	11.231	1 497.34	11.379	1 517.07	11.528	1 536.94	11.680	1 557 20	11.833	1 577.60
14	11.987	1 598.13	12.144	1 619.06	12.302	1 640.13	12.462	1 661.46	12.624	1 683.06
15	12.788	1 704.92	12.953	1 726.92	13.121	1 749.32	13.290	1 771.85	13.491	1 794.65
16	13.634	1 817.71	13.809	1 841.04	13.987	1 864.77	14.166	1 888.64	14.347	1 912.77
17	14.530	1 937.17	14.715	1 961.83	14.903	1 986.90	15.092	2 012.10	15.284	2 037.69
18	15.477	2 063.42	15.673	2 089.56	15.871	2 115.95	16.071	2 142.62	16.272	2 169.42
19	16.477	2 196.75	16.685	2 224.48	16.894	2 252.34	17.105	2 280.47	17.315	2 309.00
20	17.535	2 337.80	17.753	2 366.87	17.974	2 396.33	18.197	2 426.06	18.422	2 456.06
21	18.650	2 486.46	18.880	2 517.12	19.113	2 548.18	19.349	2 579.65	19.587	2 611.38
22	19.827	2 643.38	20.070	2 675.77	20.316	2 708.57	20.565	2 741.77	20.815	2 775.10
23	21.068	2 808.83	21.324	2 842.96	21.583	2 877.49	21.845	2 912.42	22.110	2 947.75
24	22.377	2 983.35	22.648	3 019.48	22.922	3 056.01	23.198	3 092.80	23.476	3 129 37
25	23.756	3 167.20	24.039	3 204.93	24.306	3 243.19	24.617	3 281.99	24.912	3 321.32
26	25.209	3 360.91	25 509	3 400.91	25.812	3 441.31	26.117	3 481.97	26.426	3 523.27
27	26.739	2 564.90	27.055	3 607.03	27.374	3 649.56	27.696	3 629.49	28.021	3 735.82
28	28.349	3 779.55	28.680	3 823.67	29.015	3 868.34	29.354	3 913.53	29.697	3 959.26
29	30.043	4 005.39	30.392	4 051.92	30.745	4 098.98	23.934	4 146.58	31.461	4 194.44
30	31.824	4 242.84	32.191	4 291.77	32 561	4 341.10	31.102	4 390.83	33.312	4 441.22
31	33.695	4 492.28	34.085	4 544.28	34.471	4 595.74	34 864	4 648.14	35.261	4 701.07
32	35.663	4 754.66	36.068	4 808.66	36.477	4 863.19	36.891	4 918.38	37.308	4 973.98
33	37.729	5 030.11	38.155	5 086.90	38.584	5 144.10	39.018	5 201.96	39.457	5 260.49
34	39.898	5 319.28	40.344	5 378.74	40.796	5 439.00	41.251	5 499.67	41.710	5 560.86
35	42.175	5 622.86	42.644	5 685.38	43.117	5 748.44	43.595	5 812.17	44.078	5 876.57
36	44.563	5 941.23	45.054	6 006.69	45.549	6 072.68	46.050	6 139.48	46.556	6 206.94
37	47.067	6 275.07	47.582	6 343.73	48.102	6 413.05	48.627	6 483.05	49.157	6 553.71
38	49.692	6 625.04	50.231	6 696.90	50.774	6 769.29	51.323	6 842.49	51.879	6 916.61
39	52.442	6 991.67	53.009	7 067.22	53.580	7 143.39	54.156	7 220.19	54.737	7 297.65
40	55.324	7 375.91	55.91	7 454.0	56.5	7 534.0	57.11	7614.0	57.72	7 695.3
41	58.34	7 778.0	58.96	7 860.7	59.58	7 943.3	60.22	8 028.7	60.86	8 114.0
42	61.50	8 199.3	62.14	8 284.6	62.80	8 372.6	63.46	8 460.66	4.12	8 548.6
43	64.80	8 639.3	65.48	8 729.9	66.16	8 820.6	66.86	8 913.9	67.56	9 007.2

续表

温度 /℃	0.0		0.2		0.4		0.6		0.8	
	mmHg	Pa	mmHg	Pa	mmHg	Pa	mmHg	Pa	mmHg	Pa
44	68.2	9 100.6	68.97	9 195.2	69.69	9 291.2	70.41	9 387.2	71.14	9 484.5
45	71.88	9 583.2	72.62	9 681.8	73.36	9 780.5	74.12	9 881.8	74.88	9 983.2
46	75.65	10 085.8	76.43	10 189.8	77.21	10 293.8	78.00	10 399.1	78.80	10 505.8
47	79.60	10 612.4	80.41	10 720.4	81.23	10 829.7	82.05	10 939.1	82.87	11 048.4
48	83.71	11 160.4	84.56	11 273.7	85.42	11 388.4	86.28	11 503.0	87.14	11 617.7
49	88.02	11 735.0	88.90	11 852.3	89.79	11 971.0	90.69	12 091.0	91.59	12 211.0
50	92.51	12 333.6	93.5	12 465.6	94.4	12 585.6	95.3	12 705.6	96.3	12 838.9
51	97.20	12 958.9	98.2	13 092.2	99.1	13 212.2	100.1	13 345.5	101.1	13 478.9
52	102.09	13 610.8	103.1	13 745.5	104.1	13 878.8	105.1	14 012.1	106.2	14 158.8
53	107.20	14 292.1	108.2	14 425.4	109.3	14 572.1	110.4	14 718.7	111.4	14 852.1
54	112.51	15 000.1	113.6	15 145.4	114.7	15 292.0	115.8	15 438.7	116.9	15 585.3
55	118.04	15 737.3	119.0	15 878.7	120.3	16 038.6	121.5	16 198.6	122.6	16 345.3
56	123.80	16 505.3	125.0	16 665.3	126.2	16 825.2	127.4	16 985.2	128.6	17 145.2
57	129.82	17 307.9	131.0	17 465.2	132.3	17 638.5	133.5	17 798.5	134.7	17 958.5
58	136.03	18 142.5	137.3	18 305.1	138.5	18 465.1	139.9	18 651.7	141.2	18 825.1
59	142.60	19 011.7	143.9	19 185.0	145.2	19 358.4	146.6	19 545.0	148.0	19 731.7
60	149.38	19 915.6	150.7	20 091.6	152.1	20 278.3	153.5	20 646.9	155.0	20 664.9
61	156.43	20 855.6	157.8	21 038.2	159.3	21 238.2	160.8	21 438.2	162.3	21 638.2
62	163.77	21 834.1	165.2	22 024.8	166.8	22 238.1	168.3	22 438.1	169.8	22 638.1
63	171.38	22 848.7	172.9	23 051.4	174.5	23 264.7	176.1	23 478.0	177.7	23 691.3
64	179.31	23 906.0	180.9	24 117.9	182.5	24 331.3	184.2	24 557.9	185.8	24 771.2
65	187.54	25 003.2	189.2	25 224.5	190.9	25 451.2	192.6	25 677.8	194.3	25 904.5
66	196.09	26 143.1	197.8	26 371.1	199.5	26 597.7	201.3	26 837.7	203.1	27 077.7
67	204.96	27 325.7	206.8	27 571.0	208.6	27 811.0	210.5	28 064.3	2123	28 304.3
68	214.17	28 553.6	216.0	28 797.6	218.0	29 064.2	219.9	29 317.5	221.8	29 570.8
69	223.73	29 328.1	225.7	30 090.8	227.7	30 357.4	229.7	30 624.1	231.7	30 890.7
70	233.7	31 157.4	235.7	31 424.0	237.7	31 690.6	239.7	31 957.3	241.8	32 237.3
71	243.9	32 517.2	246.0	32 797.2	248.2	33 090.5	250.3	33 370.5	252.4	33 650.5
72	2546	33 943.8	256.8	34 237.1	259.0	34 580.4	261.2	34 823.7	263.4	35 117.0
73	265.7	35 423.7	268.0	35 730.3	270.2	36 023.6	272.6	36 343.6	274.3	36 636.9
74	277.2	36 956.9	279.4	37 250.2	281.8	37 570.1	284.2	37 890.1	286.6	38 210.1
75	289.1	38 543.4	291.5	38 863.4	294.0	39 196.7	296.4	39 516.6	298.8	39 836.6

续表

温度/℃	0.0		0.2		0.4		0.6		0.8	
	mmHg	Pa	mmHg	Pa	mmHg	Pa	mmHg	Pa	mmHg	Pa
76	301.4	40 183.3	303.8	40 503.2	306.4	40 849.9	308.9	41 183.2	311.4	41 516.5
77	314.1	41 876.4	316.6	42 209.7	319.2	42 556.4	322.0	42 929.7	324.6	43 276.3
78	327.3	43 636.3	330.0	43 996.3	332.8	44 369.0	335.6	44 742.9	338.2	45 089.5
79	341.0	45 462.8	343.8	45 836.1	346.6	46 209.4	349.4	46 582.7	3 522	46 956.0
80	355.1	47 342.6	358.0	47 729.3	361.0	48 129.2	363.8	48 502.5	366.8	48 902.5
81	369.7	49 289.1	372.6	49 675.8	375.6	50 075.7	378.8	50 502.4	381.8	50 902.3
82	384.9	51 315.6	388.0	51 728.9	391.2	52 155.6	394.4	52 582.2	397.4	52 982.2
83	400.6	53 408.8	403.8	53 835.4	407.0	54 262.1	410.2	54 688.7	413.6	55 142.0
84	416.8	55 568.6	420.2	56 021.9	423.6	56 475.2	426.8	56 901.8	430.2	57 355.1
85	433.6	57 808.4	437.0	58 261.7	440.4	58 715.0	444.0	59 195.0	447.5	59 661.6
86	450.9	60 114.9	454.4	60 581.5	458.0	61 061.5	461.6	61 541.4	465.2	62 021.4
87	468.7	62 488.0	472.4	62 981.3	476.0	63 461.3	479.8	63 967.9	483.4	64 447.9
88	487.1	64 941.1	491.0	65 461.1	494.7	65 954.4	498.5	66 461.0	502.2	66 954.3
89	506.1	67 474.3	510.0	67 994.2	513.9	68 514.2	517.8	69 034.1	521.8	69 567.4
90	525.76	70 095.4	529.77	70 630.0	533.80	71 167.3	537.86	71 708.0	54 195	72 253.9
91	546.05	72 800.5	550.18	73 351.1	554.35	73 907.1	558.53	74 464.3	562.75	75 027.0
92	566.99	75 592.2	571.26	76 161.5	575.55	76 733.5	579 87	77 309.4	584.22	77 889.4
93	588.60	78 473.3	593.00	79 059.9	597.43	79 650.6	601.89	80 245.2	606.38	80 843.8
94	610.90	81 446.4	615.44	82 051.7	620.01	82 661.0	624.61	83 274.3	629.24	83 891.5
95	633.90	84 512.8	638.59	85 138.1	643.30	85 766.0	648.05	86 399.3	652.82	87 035.3
96	657.62	87 675.2	662.45	88 319.2	667.31	88 967.1	672.20	89 619.0	677.12	90 275.0
97	682.07	90 934.9	687.04	91 597.5	692.05	92 265.5	697.10	92 938.8	702.17	93 614.7
98	707.27	94 294.7	712.40	94 978.6	717.56	95 666.5	722.75	96 358.5	727.98	97 055.7
99	733.24	97 757.0	738.52	98 462.3	743.85	99 171.6	749.20	99 884.8	75458	100 602.1
100	760.00	101 324.7	765.45	102 051.3	770.93	102 781.9	776.44	103 516.5	782.00	104 257.8
101	787.57	105 000.4	793.18	105 748.3	798.82	106 500.3	804.50	107 257.5	810.21	108 018.8

附表2.2　水的密度

$T/^{\circ}\text{C}$	$10^{-3}\rho/(\text{kg}\cdot\text{m}^{-3})$	$T/^{\circ}\text{C}$	$10^{-3}\rho/(\text{kg}\cdot\text{m}^{-3})$	$T/^{\circ}\text{C}$	$10^{-3}\rho/(\text{kg}\cdot\text{m}^{-3})$
0	0.999 87	20	0.998 23	40	0.992 24
1	0.999 93	21	0.998 02	41	0.991 86
2	0.999 97	22	0.997 80	42	0.991 47
3	0.999 99	23	0.997 56	43	0.991 07
4	1.000 00	24	0.997 32	44	0.990 66
5	0.999 99	25	0.997 07	45	0.990 25
6	0.999 97	26	0.996 81	46	0.989 82
7	0.999 97	27	0.996 54	47	0.989 40
8	0.999 88	28	0.996 26	48	0.988 96
9	0.999 31	29	0.995 97	49	0.988 52
10	0.999 73	30	0.995 67	50	0.988 07
11	0.999 63	31	0.995 37	51	0.987 62
12	0.999 52	32	0.995 05	52	0.987 15
13	0.999 40	33	0.994 73	53	0.986 69
14	0.999 27	34	0.994 40	54	0.986 21
15	0.999 13	35	0.994 06	55	0.985 73
16	0.998 97	36	0.993 71	60	0.983 24
17	0.998 80	37	0.993 36	65	0.980 59
18	0.998 62	38	0.992 99	70	0.977 81
19	0.998 43	39	0.992 62	75	0.974 89

摘自:International Critical Tables of Numerical Data. Physics Chemistry and Technology. Ⅲ:25.

附表2.3　20 ℃下乙醇水溶液的密度

乙醇的质量百分数/%	$10^{-3}\rho/(\text{kg}\cdot\text{m}^{-3})$	乙醇的质量百分数/%	$10^{-3}\rho/(\text{kg}\cdot\text{m}^{-3})$
0	0.998 28	55	0.902 58
10	0.981 87	60	0.891 13
15	0.975 14	65	0.879 48
20	0.968 64	70	0.867 66
25	0.961 68	75	0.855 64
30	0.953 82	80	0.843 44
35	0.944 94	85	0.830 95
40	0.935 18	90	0.817 97
45	0.924 72	95	0.804 24
50	0.913 84	100	0.789 34

摘自:International Critical Tablesof Numerical Data. Physics,Chemistry and Technology. Ⅲ:116.

附表 2.4　水在不同温度下的折射率、黏度和介电常数

温度/℃	折射率 n_D	黏度[1] $10^3\eta/$ $(kg \cdot m^{-1} \cdot s^{-1})$	介电常数[2] ε
0	1.333 95	1.770 2	87.74
5	1.333 88	1.510 8	85.76
10	1.333 69	1.303 9	83.83
15	1.333 39	1.137 4	81.95
20	1.333 00	0.001 9	80.10
21	1.332 90	0.976 4	79.73
22	1.332 80	0.953 2	79.38
23	1.332 71	0.931 0	79.02
24	1.332 61	0.910 0	78.65
25	1.332 50	0.890 3	78.30
26	1.332 40	0.870 3	77.94
27	1.332 29	0.851 2	77.60
28	1.332 17	0.832 8	77.24
29	1.332 06	0.814 5	76.90
30	1.331 94	0.797 3	76.55
35	1.331 31	0.719 0	74.83
40	1.330 61	0.652 6	73.15
45	1.329 85	0.597 2	71.51
50	1.329 04	0.546 8	69.91

①黏度是指单位面积的液层,以单位速度流过相隔单位距离的固定液面时所需的切线力。
　其单位是:$N \cdot s \cdot m^{-2}$ 或 $kg \cdot m^{-1} \cdot s^{-1}$ 或 $Pa \cdot s$(帕·秒)。
②介电常数(相对)是指某物质作介质时,与相同条件真空情况下电容的比值。故介电常
　数又称相对电容率,无量纲。摘自:John A Dean. Lange's Handbook of Chemistry. 1985:10-99.

附表 2.5　不同温度下几种常用液体的密度

温度/℃	水	苯	甲苯	乙醇	氯仿	汞	乙酸
0	0.999 842 5	—	0.886	0.806 25	1.526	13.595 5	1.071 8
5	0.999 966 8	—	—	0.802 07	—	13.583 2	1.066 0
10	0.999 702 6	0.887	0.875	0.797 88	1.496	13.570 8	1.060 3
11	0.999 608 1	—	—	0.797 04	—	13.568 4	1.059 1
12	0.999 500 4	—	—	0.796 20	—	13.565 9	1.058 0
13	0.999 380 1	—	—	0.795 30	—	13.563 4	1.056 8
14	0.999 247 4	—	—	0.794 51	—	16.561 0	1.055 7
15	0.999 102 6	0.883	0.870	0.793 67	1.486	13.558 5	1.054 6
16	0.998 946 0	0.882	0.869	0.792 83	1.484	13.556 1	1.053 4

续表

温度/℃	水	苯	甲苯	乙醇	氯仿	汞	乙酸
17	0.998 777 9	0.882	0.867	0.791 98	1.482	13.553 0	1.052 3
18	0.998 598 6	0.881	0.866	0.791 14	1.480	13.551 2	1.051 2
19	0.998 402 8	0.880	0.865	0.790 29	1.478	13.548 7	1.050 0
20	0.998 207 1	0.879	0.864	0.789 45	1.476	13.546 2	1.048 9
21	0.997 995 5	0.879	0.863	0.788 60	1.474	13.548 3	1.047 8
22	0.997 773 5	0.878	0.862	0.787 75	1.472	13.54 13	1.046 7
23	0.997 541 5	0.877	0.861	0.786 91	1.471	13.538 9	1.045 5
24	0.997 299 5	0.876	0.860	0.786 06	1.469	13.536 4	1.044 4
25	0.997 047 9	0.875	0.859	0.785 22	1.467	13.534 0	1.043 3
26	0.996 786 7	—	—	0.784 37	—	13.531 5	1.042 2
27	0.996 516 2	—	—	0.783 52	—	13.529 1	1.041 0
28	0.996 236 5	—	—	0.782 67	—	13.526 6	1.039 9
29	0.995 947 8	—	—	0.781 82	—	13.524 2	1.038 8
30	0.995 650 2	0.869	—	0.780 97	1.460	13.521 7	1.037 7
40	0.992 218 7	0.858	—	0.772	1.451	13.497 3	—
50	0.998 039 3	0.847	—	0.763	1.433	13.472 9	—

附表2.6　不同温度下水的表面张力

$t/℃$	$10^3 \times \sigma/(N \cdot m^{-1})$	$t/℃$	$10^3 \times \sigma/(N \cdot m^{-1})$	$t/℃$	$10^3 \times \sigma/(N \cdot m^{-1})$	$t/℃$	$10^3 \times \sigma/(N \cdot m^{-1})$
0	75.64	17	73.19	26	71.82	60	66.18
5	74.92	18	73.05	27	71.66	70	64.42
10	74.22	19	72.90	28	71.50	80	62.61
11	74.07	20	72.75	29	71.35	90	60.75
12	73.93	21	72.59	30	71.18	100	58.85
13	73.78	22	72.44	35	70.38	110	56.89
14	73.64	23	72.28	40	69.56	120	54.89
15	73.59	24	72.13	45	68.74	130	52.84
16	73.34	25	71.97	50	67.91		

摘自：John A Dean. Lange's Handbook of Chemistry, 1973:10-265.

附录2.7　常用有机化合物的密度

化合物	ρ_0	α	β	γ	温度范围/℃
四氯化碳	1.632 255	−1.911 0	−0.690	—	0~40
氯仿	1.526 43	−1.856 3	−0.530 9	−8.81	−53~55

化合物	ρ_0	α	β	γ	温度范围/℃
乙醚	0.736 29	−1.138	−1.237	—	0~70
乙醇	0.785 06($t_0 = 25$ ℃)	−0.859 1	−0.56	−5	—
醋酸	1.072 4	−1.122 9	0.005 8	−2.0	9~100
丙酮	0.812 48	−1.100	−0.858	—	0~50
异丙醇	0.801 4	−0.809	−0.27	—	0~25
正丁醇	0.823 90	−0.699	−0.32	—	0~47
乙酸甲酯	0.959 32	−1.271 0	−0.405	−6.00	0~100
乙酸乙酯	0.924 54	−1.168	−1.95	20	0~40
环己烷	0.797 07	−0.887 9	−0.972	1.55	0~65
苯	0.900 05	−1.063 8	−0.037 6	−2.213	11~72

注：表中有机化合物的密度可用方程式 $\rho_0 = \rho_0 + 10^{-3}\alpha(t-t_0) + 10^{-6}\beta(t-t_0)^2 + 10^{-9}\gamma(t-t_0)^3$ 计算。
式中，ρ_0 为 $t=0$ ℃时的密度，单位：$g \cdot cm^{-3}$；$1\ g \cdot cm^{-3} = 10\ kg \cdot m^{-3}$
摘自：International Critical Tables of Numerical Data, Physics, Chemistry and Technology[M]. New York：
　　McGra-Hill Book Company Inc, 1928.

附录2.8　乙醇水溶液的混合体积与浓度的关系

乙醇的质量分数/%	$V_{混}$/mL	乙醇的质量分数/%	$V_{混}$/mL
20	103.24	60	112.22
30	104.84	70	115.25
40	106.93	80	118.56
50	109.43		

* 温度为20 ℃，混合物的质量为100 g。
摘自：傅献彩，陈瑞华. 物理化学：上册[M]. 北京：人民教育出版社，1979.

附录2.9　金属混合物的熔点(℃)

金属		金属(Ⅱ)质量分数×100										
Ⅰ	Ⅱ	0	10	20	30	40	50	60	70	80	90	100
Pb	Sn	326	295	276	262	240	220	190	185	200	216	232
	Sb	326	250	275	330	395	440	490	525	560	600	632
Sb	Bi	632	610	590	575	555	540	520	470	405	330	268
	Zn	632	555	510	540	570	565	540	525	510	470	419

摘自：Robert C Weast, CRC Handbook of Chemistry and Physics[M]. Boca Raton：CRC Press, 66th, D183
　　(1985~1986).
摘自：顾庆超，楼书聪，等. 化学用表[M]. 南京：江苏科学技术出版社，1979.

附录 2.10　无机化合物的脱水温度

水合物	脱水	$t/℃$
$CuSO_4 \cdot 5H_2O$	$-2\ H_2O$	85
	$-4\ H_2O$	115
	$-5\ H_2O$	230
$CaCl_2 \cdot 6H_2O$	$-4\ H_2O$	30
	$-6\ H_2O$	200
$CaSO_4 \cdot 2H_2O$	$-1.5\ H_2O$	128
	$-2\ H_2O$	163
$Na_2B_4O_7 \cdot 10H_2O$	$-8\ H_2O$	60
	$-10\ H_2O$	320

摘自:印永嘉.大学化学手册[M].济南:山东科学技术出版社,1985.

附录 2.11　常压下共沸物的沸点和组成

共沸物		各组分的沸点/℃		共沸物的性质	
甲组分	乙组分	甲组分	乙组分	沸点/℃	组成(甲的质量分数)/%
苯	乙醇	80.1	78.3	67.9	68.3
环己烷	乙醇	80.8	78.3	64.8	70.8
正己烷	乙醇	68.9	78.3	58.7	79.0
乙酸乙酯	乙醇	77.1	78.3	71.8	69.0
乙酸乙酯	环己烷	77.1	80.7	71.6	56.0
异丙醇	环己烷	82.4	80.7	69.4	32.0

摘自:Robert C Weast. CRC Handbook of Chemistry and Physics[M]. Roca Raton. :CRC Press,66th,D12
(1985~1986).

附录 2.12　无机化合物的标准溶解热

化合物	$\Delta_{sol} H_m/(kJ \cdot mol^{-1})$	化合物	$\Delta_{sol} H_m/(kJ \cdot mol^{-1})$
$AgNO_3$	22.47	KI	20.50
$BaCl_2$	−13.22	KNO_3	34.73
$Ba(NO_3)_2$	40.38	$MgCl_2$	−155.06
$Ca(NO_3)_2$	−18.87	$Mg(NO_3)_2$	−85.48
$CuSO_4$	−73.26	$MgSO_4$	−91.21
KBr	20.04	$ZnCl_2$	−71.46
KCl	17.24	$ZnSO_4$	−81.38

注:25 ℃,标准状态下 1 mol 纯物质溶于水生成 1 $mol \cdot dm^{-1}$ 的理想溶液过程的热效应。
此溶解热是指 1 mol KCl 溶于 200 mol 的水。

摘自:吴肇亮,蔺五正,杨国华,等.物理化学实验[M].东营:石油大学出版社,1990.

附录2.13　18~25 ℃下难溶化合物的溶度积

化合物	K_{sp}	化合物	K_{sp}
AgBr	4.95×10^{-13}	$BaSO_4$	1.1×10^{-10}
AgCl	1.77×10^{-10}	$Fe(OH)_3$	4×10^{-38}
AgI	8.3×10^{-37}	$PbSO_4$	1.6×10^{-8}
Ag_2S	6.3×10^{-52}	CaF_2	2.7×10^{-11}
$BaCO_3$	5.1×10^{-9}		

摘自:顾庆超,楼书聪,等. 化学用表[M]. 南京:江苏科学技术出版社,1979.

附录2.14　有机化合物的标准摩尔燃烧焓

名称	化学式	$t/℃$	$-\Delta_c H_m^{\ominus}/(kJ \cdot mol^{-1})$
甲醇	$CH_3OH(l)$	25	726.51
乙醇	$C_2H_5OH(l)$	25	1 366.8
甘油	$(CH_2OH)_2CHOH(l)$	20	1 661.0
苯	$C_6H_6(l)$	20	3 267.5
己烷	$C_6H_{14}(l)$	25	4 163.1
苯甲酸	$C_6H_5COOH(s)$	20	3 226.9
樟脑	$C_{10}H_{16}O(s)$	20	5 903.6
萘	$C_{10}H_8(s)$	25	5 153.8
尿素	$NH_2CONH_2(s)$	25	631.7

摘自:Robert C Weast. CRC Handbook of Chemistry and Physics[M]. Boca Raton:CRC Press,66th,D12 (1985~1986).

附表2.15　常用有机化合物的蒸汽压

下列各化合物的蒸汽压可用方程式

$$\lg P = A - \frac{B}{(C + t)}$$

计算之,式中 A、B、C 为三常数。p 为化合物之蒸汽压(mmHg),t 为℃。

名称	分子式	温度范围/℃	A	B	C
四氯化碳	CCl_4	$-35~61$	6.879 26	1 212.021	226.41
氯　仿	$CHCl_3$	$-14~65$	6.493 4	929.44	196.03
甲　醇	CH_4O	$-31~99$	7.897 50	1 474.08	229.13
二氯乙烷	$C_2H_4Cl_2$	liq.	7.025 3	1 271.3	222.9
醋　酸	$C_2H_4O_2$	$-2~100$	7.387 82	1 533.313	222.309
乙　醇	C_2H_6O	liq.	8.321 09	1 718.10	237.52
丙　酮	C_3H_6O	$0~101$	7.117 14	1 210.595	229.664
异 丙 醇	C_3H_8O	$15~76$	8.117 78	1 580.92	219.61
乙酸乙酯	$C_4H_8O_2$		7.101 79	1 244.95	217.88
			7.476 80	1 362.39	178.77

摘自:Dean J A. Lange's Handbook of Chemistry.[M]. New York:McGran-hill Inc,1979.

附表 2.16　25 ℃下某些液体的折射率

名称	n_D^{25}	名称	n_D^{25}
甲　醇	1.326	四氯化碳	1.459
乙　醚	1.352	乙　苯	1.493
丙　酮	1.357	甲　苯	1.494
乙　醇	1.359	苯	1.498
醋　酸	1.370	苯乙烯	1.545
乙酸乙酯	1.370	溴　苯	1.557
正己烷	1.372	苯　胺	1.583
1-丁醇	1.397	溴　仿	1.587
氯　仿	1.444		

摘自：Robert Weast. CRC Handbook of Chemistry. and Physics [M]. Boca Raton：CRC Rress，1982—1983.

附表 2.17　几种溶剂的冰点下降常数

（K_f 是指一摩尔溶质，溶解在 1 000 g 溶剂中的冰点下降常数）

溶剂	纯溶剂的凝固点/℃	K_f
水	0	1.853
醋酸	16.6	3.90
苯	5.533	5.12
对二氧六环	11.7	4.71
环己烷	6.54	20.0

摘自：DEAN J A. Lange's Handbook of Chemistry. [M]. New York：McGran-hill Inc，1985.

附表 2.18　高聚物溶剂体系的 $[\eta]$-M 关系式

高聚物	溶剂	t/℃	$10^3\ K/(\mathrm{dm^3 \cdot kg^{-1}})$	α	分子量范围 $M \times 10^{-4}$
聚丙烯酰胺	水	30	6.31	0.80	2～50
	水	30	68	0.66	1～20
	1 mol · dm^{-3}NaNO$_3$	30	37.5	0.66	
聚丙烯腈	二甲基甲酰胺	25	16.6	0.81	5～27
聚甲基丙烯酸甲酯	苯	25	3.8	0.79	24～450
	丙酮	25	7.5	0.70	3～93
	水	25	20	0.76	0.6～2.1
聚乙烯醇	水	30	66.6	0.64	0.6～16
聚苯乙烯	甲苯	25	17	0.69	1～160

高聚物	溶剂	$t/℃$	$10^3\,K/(dm^3 \cdot kg^{-1})$	α	分子量范围 $M \times 10^{-4}$
聚己内酰胺	40% H_2SO_4	25	59.2	0.69	0.3~1.3
聚醋酸乙烯酯	丙酮	25	10.8	0.72	0.9~2.5

摘自:印永嘉.大学化学手册[M].济南:山东科学技术出版社.1985:692.

附录2.19　18 ℃下水溶液中阴离子的迁移数

电解质	$c/(mol \cdot dm^{-3})$					
	0.01	0.02	0.05	0.1	0.2	0.5
NaOH			0.81	0.82	0.82	0.82
HCl	0.167	0.166	0.165	0.164	0.163	0.160
KCl	0.504	0.504	0.505	0.506	0.506	0.510
KNO_3(25 ℃)	0.491 6	0.491 3	0.490 7	0.489 7	0.488 0	
H_2SO_4	0.175		0.172	0.175		0.175

摘自:B. A.拉宾诺维奇,等.简化化学手册[M].尹承烈,等译.北京:化学工业出版社,1983.

附录2.20　均相反应的速率常数

（1）蔗糖水解的速率常数

$c_{HCl}/(mol \cdot dm^{-3})$	$10^3 k/min^{-1}$		
	298.2 K	308.2 K	318.2 K
0.413 7	4.043	17.00	
0.900 0	11.16	46.76	60.62
1.214	17.455	75.97	148.8

（2）乙酸乙酯皂化反应的速率常数与温度的关系：

$\lg k = -1\,780T^{-1} + 0.007\,54T + 4.53$（$k$ 的单位为 $dm^{-3} \cdot mol^{-1} \cdot min^{-1}$）。

（3）丙酮碘化反应的速率常数 k(25 ℃) $= 1.71 \times 10^{-3} dm^{-3} \cdot mol^{-1}$；

K(35 ℃) $= 5.284 \times 10^{-3} mol^{-1} \cdot min^{-1}$。

附录 2.21　25 ℃下醋酸在水溶液中的电离度和离解常数

$c/(mol \cdot m^{-3})$	α	$10^2 K_C/(mol \cdot m^{-3})$
0.218 4	0.247 7	1.751
1.028	0.123 8	1.751
2.414	0.082 9	1.750
3.441	0.070 2	1.750
5.912	0.054 01	1.749
9.842	0.042 23	1.747
12.83	0.037 10	1.743
20.00	0.029 87	1.738
50.00	0.019 05	1.721
100.00	0.013 50	1.695
200.00	0.009 49	1.645

摘自:陶坤,译. 苏联化学手册:第三册[M].北京:科学出版社,1963.

附录 2.22　几种胶体的 ζ 电位

水溶胶				有机溶胶		
分散相	ζ/V	分散相	ζ/V	分散相	分散介质	ζ/V
As_2S_3	−0.032	Bi	0.016	Cd	$CH_3COOC_2H_5$	−0.047
Au	−0.032	Pb	0.018	Zn	CH_3COOCH_3	−0.064
Ag	−0.034	Fe	0.028	Zn	$CH_3COOC_2H_5$	−0.087
SiO_2	−0.044	$Fe(OH)_3$	0.044	Bi	$CH_3COOC_2H_5$	−0.091

摘自:天津大学物理化学教研室.物理化学:下册[M].北京:人民教育出版社,1979.

附表 2.23　KCl 溶液的电导率

$10^{-2}\kappa/(\text{S}\cdot\text{m}^{-1})$	c			
	$\text{mol}\cdot\text{dm}^{-3}$			
$t/℃$	1.000	0.100 0	0.020 0	0.010 0
0	0.065 41	0.007 15	0.001 521	0.000 776
5	0.074 14	0.008 22	0.001 752	0.000 896
10	0.083 19	0.009 33	0.001 994	0.001 020
15	0.092 52	0.010 48	0.002 243	0.001 147
16	0.094 41	0.010 72	0.002 294	0.001 173
17	0.096 31	0.010 95	0.002 345	0.001 199
18	0.098 22	0.011 19	0.002 397	0.001 225
19	0.100 14	0.011 43	0.002 449	0.001 251
20	0.102 07	0.011 67	0.002 501	0.001 278
21	0.104 00	0.011 91	0.002 553	0.001 305
22	0.105 94	0.012 15	0.002 606	0.001 332
23	0.107 89	0.012 29	0.002 659	0.001 359
24	0.109 84	0.012 64	0.002 712	0.001 386
25	0.111 80	0.012 88	0.002 765	0.001 413
26	0.113 77	0.013 13	0.002 819	0.001 441
27	0.115 74	0.013 37	0.002 873	0.001 468
28		0.013 62	0.002 927	0.001 496
29		0.013 87	0.002 981	0.001 524
30		0.014 12	0.003 036	0.001 552
35		0.015 39	0.003 312	
36		0.015 64	0.003 368	

摘自:复旦大学,等.物理化学实验[M].2 版.北京:高等教育出版社.1993.

附表 2.24　25 ℃下标准电极电位及温度系数

电极	电极反应	φ^0/V	$(\mathrm{d}\varphi^0/\mathrm{d}T)/(\mathrm{mV \cdot K^{-1}})$
Ag^+,Ag	$Ag^+ + e = Ag$	0.799 1	−1.000
AgCl,Ag,Cl^-	$AgCl + e = Ag + Cl^-$	0.222 4	−0.658
AgI,Ag,I^-	$AgI + e = Ag + I^-$	−0.151	−0.284
Cd^{2+},Cd	$Cd^{2+} + 2e = Cd$	−0.403	−0.093
Cl_2,Cl^-	$Cl_2 + 2e = 2Cl^-$	1.359 5	−1.260
Cu^{2+},Cu	$Cu^{2+} + 2e = Cu$	0.337	0.008
Fe^{2+},Fe	$Fe^{2+} + 2e = Fe$	−0.440	0.052
Mg^{2+},Mg	$Mg^{2+} + 2e = Mg$	−2.37	0.103
Pb^{2+},Pb	$Pb^{2+} + 2e = Pb$	−0.126	−0.451
PbO_2,$PbSO_4$,SO_4^{2-},H^+	$PbO_2 + SO_4^{2-} + 4H^+ + 2e = PbSO_4 + 2H_2O$	1.685	−0.326
OH^-,O_2	$O_2 + 2H_2O + 4e = 4OH^-$	0.401	−1.680
Zn^{2+},Zn	$Zn^{2+} + 2e = Zn$	−0.762 8	0.091

摘自:印永嘉.物理化学简明手册[M].北京:高等教育出版社.1988:214.

附表 2.25　无限稀释离子的摩尔电导率和温度系数

离子	$10^4\lambda/(\mathrm{s \cdot m^2 \cdot mol^{-1}})$				$\alpha\left(\alpha = \dfrac{1}{\lambda_i}\left(\dfrac{\mathrm{d}\lambda_i}{\mathrm{d}t}\right)\right)$
	0 ℃	18 ℃	25 ℃	50 ℃	
H^+	225	315	349.8	464	0.014 2
K^+	40.7	63.9	73.5	114	0.017 3
Na^+	26.5	42.8	50.1	82	0.018 8
NH_4^+	40.2	63.9	74.5	115	0.018 8
Ag^+	33.1	53.5	61.9	101	0.017 4
$1/2Ba^{2+}$	34.0	54.6	63.6	104	0.020 0
$1/2Ca^{2+}$	31.2	50.7	59.8	96.2	0.020 4
$1/2Pb^{2+}$	37.5	60.5	69.5	—	0.019 4
OH^-	105	171	198.3	(284)	0.018 6
Cl^-	41.0	66.0	76.3	(116)	0.020 3
NO_3^-	40.0	62.3	71.5	(104)	0.019 5
$C_2H_3O_2^-$	20.0	32.5	40.9	(67)	0.024 4
$1/2SO_4^{2-}$	41	68.4	80.0	(125)	0.020 6
$1/2C_2O_4^{2-}$	39	(63)	72.7	(115)	—
F^-	—	47.3	55.4	—	0.022 8

附表 2.26　25 ℃下 HCl 水溶液的摩尔电导和电导率与浓度的关系

$c/(mol \cdot dm^{-3})$	0.000 5	0.001	0.002	0.005	0.01	0.02	0.05	0.1	0.2
$\Lambda_m/(s \cdot cm^2 \cdot mol^{-1})$	423.0	421.4	419.2	415.1	411.4	406.1	397.8	389.8	379.6
$10^3 K/(S \cdot cm^{-1})$		0.421 2	0.838 4	2.076	4.114	8.112	19.89	39.98	75.92

附录 2.27　均相反应的速率常数

（1）蔗糖水解的速率常数

$c_{HCl}/(mol \cdot dm^{-3})$	$10^3 k/min^{-1}$		
	298.2 K	308.2 K	318.2 K
0.413 7	4.043	17.00	
0.900 0	11.16	46.76	60.62
1.214	17.455	75.97	148.8

（2）乙酸乙酯皂化反应的速率常数与温度的关系：$\lg k = -1\,780 T^{-1} + 0.007\,54 T + 4.53$（$k$ 的单位为 $dm^{-3} \cdot mol^{-1} \cdot min^{-1}$）。

（3）丙酮碘化反应的速率常数 $k(25\ ℃) = 1.71 \times 10^{-3} dm^{-3} \cdot mol^{-1}$；
$k(35\ ℃) = 5.284 \times 10^{-3} mol^{-1} \cdot min^{-1}$。

附录 2.28　25 ℃不同质量摩尔浓度下一些强电解质的活度因子

电解质	$m/(mol \cdot kg^{-1})$				
	0.01	0.1	0.2	0.5	1.0
$AgNO_3$	0.90	0.734	0.675	0.536	0.429
$CaCl_2$	0.732	0.518	0.472	0.448	0.500
$CuCl_2$		0.508	0.455	0.441	0.417
$CuSO_4$	0.40	0.150	0.104	0.062 0	0.042 3
HCl	0.906	0.796	0.767	0.757	0.809
HNO_3		0.791	0.754	0.720	0.724
H_2SO_4	0.545	0.265 5	0.209 0	0.155 7	0.131 6
KCl	0.732	0.770	0.718	0.649	0.604
KNO_3		0.739	0.663	0.545	0.443
KOH		0.798	0.760	0.732	0.756
NH_4Cl		0.770	0.718	0.649	0.603
NH_4NO_3		0.740	0.677	0.582	0.504
NaCl	0.903 2	0.778	0.735	0.681	0.657

续表

电解质	$m/(\mathrm{mol} \cdot \mathrm{kg}^{-1})$				
	0.01	0.1	0.2	0.5	1.0
$NaNO_3$		0.762	0.703	0.617	0.548
$NaOH$		0.766	0.727	0.690	0.678
$ZnCl_2$	0.708	0.515	0.462	0.394	0.339
$Zn(NO_3)_2$		0.531	0.489	0.474	0.535
$ZnSO_4$	0.387	0.150	0.140	0.063 0	0.043 5

附录3　物理化学数据资料和实验参考书简介

物理化学数据对于科学研究、生产实际和工业设计等具有很重要的意义。因此,在物理化学和物理化学实验课程的学习中,学生必须重视学习、掌握查阅文献数据的方法。由于发表、记载实验数据的书刊很多,在此仅介绍一些重要的手册和杂志,作为初学者的引导。物理化学数据手册分为一般和专用两种。

一、一般物理化学手册

这类手册归纳并综合了各种物理化学数据,是提供一般查阅用的。属于这类的有:

1. "CRC Handbook of Chemistry and Physics"(化学与物理学手册)1913 年出第一版,至今已出多版。Robert C. Weast 担任该书主编达三十多年,第71 版起改由 David R. Lide 任主编.此书每年修订一次,由美国 CRC(化学橡胶公司)新出一版,前有目录,后有索引,并附有文献数据出处,内容丰富,使用方便。从第71 版起,该书标题由原来的 6 个,调整为 16 个标题,除保留原内容外,又增加了新的内容。每一新版都收录有最新发表的重要化合物的物性数据。

2. "International Critical Tables of Numerical Data, Physics, Chemistry and Technology"(物理、化学和工艺技术的国际标准数据表)1926—1933 年出版,共七大卷,另附索引一卷。所搜集的数据是 1933 年以前的,比较陈旧;但数据比较齐全,为一本常用的手册。I. C. T. 原以法国的数据年表(Tables Annuelles)前五卷为基础,后来 Tables Annuelles 继续出版,自然就成为 I. C. T. 的补充。

3. "Landolt Bornstein"(第六版),德文全名为"Zahlenerte und Funktionen aus Physik, Chemie, Astronomie, Geophysik und Technik"(物理、化学、天文、地球物理及工艺技术的数据和函数)郎-彭氏(L. B.)手册收集的数据较新、较全,因此在 I. C. T. 不能满足要求时,常可查阅郎-彭氏手册。这个手册系按物理性质先分成许多小节,如以上所引的目录所示。在每一小节中再按化合物分类,分类方法见各分册卷。1961 年该书开始出版新辑(L. B. Neue Serie),重新作了编排,名字改为"Landolt-Boernstein Zahlenerte und Funktionen aus Naturissenschaften und Technik"(自然科学与技术中的数据和函数关系),到目前已陆续出版了五大类,50 余卷,涉及的内容很广泛。

第六版的卷 I—Ⅳ已译成英文:

卷 I:原子和分子物理。

卷Ⅱ:各种聚集状态的物理性质。

卷Ⅲ:天文和地球物理。

卷Ⅳ:基本技术。

每卷又分为若干分册,例如第一卷有五个分册:

I /1:原子和离子。

Ⅰ/2:分子Ⅰ(核架)。

Ⅰ/3:分子Ⅱ(电子层)。

Ⅰ/4:晶体。

Ⅰ/5:原子核和基本粒子。

第二卷有九个分册:

Ⅱ/1:尚未出版。

Ⅱ/2a:多相体系平衡的热力学常数,蒸汽压、密度、转化温度、冻点降低、沸点升高以及渗透压。

Ⅱ/2b 和Ⅱ/2c:溶液平衡。

Ⅱ/3:熔点平衡(相图),界面平衡的特征常数(表面电荷、接触角、水上的表面膜、吸附、色层、纸上色层)。

Ⅱ/4:量热数据、生成热、熵、焓、自由能,有分子振动时热力学函数计算表,焦-汤效应,低温时的热磁效应和顺磁盐以及混合物溶液的热力学函数。

Ⅱ/5:未出版。

Ⅱ/6:金属和固体离子的电导,半导体,压电晶体的弹性,压力和介电常数、介电特性。

Ⅱ/7:电化体系的电导、电动势,电化体系中的平衡。

Ⅱ/8:光学常数,反射,磁光凯尔(Kerr)效应,折光率、旋光、双折射,压电晶体的光学性质,法拉第效应,色散。

Ⅱ/9:磁学性质,铁磁性,法拉第效应,凯尔效应、顺磁共振、核磁共振。

4. "Handbook of Chemistry"(化学手册)Lange 主编,1934 年出第一版,到 1970 年出第 10 版。从第 11 版(1973)起,手册更名为:"Lange's Handbook of Chemistry"(蓝氏化学手册),改由 John A. Dean 主编。该书包括数学、综合数据和换算表、原子和分子结构、无机化学、分析化学、电化学、有机化学、光谱学以及热力学性质等。该手册第 13 版(1985)已由尚久方等人译成中文版"蓝氏化学手册",由科学出版社于 1991 年出版。

5. "Taschenbuch für Chemiker und Physiker"(化学家和物理学家手册)1983—1992,D'Ans Lax 编。

6. "Handbook of Organic Structure Analysis(有机结构分析手册)Y. Yukaa 等编(1965)。该书内容有紫外、红外、旋光色散光谱;等张比容;质子磁共振和核四极矩共振;抗磁性;介电常数;偶极矩;原子间距,键角;键解离能;燃烧热、热化学数据;分子体积;胺及酸解离常数;氧化还原电势;聚合常数。

7. "Chemical Engineers' Handbook"(化学工程师手册)第五版,R. H. Perry 和 C. H. Chilton 主编(1973),为化学工程技术人员编辑的参考手册,附有各种物理化学数据,供查阅参考。

8. "Handbook of Data on Organic Compounds"(有机化合物数据手册)第 2 版,R. C. Weast 等编(1989)。

9. "Journal of Physical and Chemical Reference Data(物理和化学参考资料杂志)该刊自 1972 年开始,由美国化学会和美国物理协会负责出版。

10. "Journal of Chemical and Engineering Data"(化学和工程数据杂志)1956 年开始刊行,每年一卷共四本,每季度出一本。后改为双月刊。每本后面有"NeW Data Compilation"(新资料编纂),介绍各种新出版的资料、数据手册和期刊。

11. "Tables of Physical and Chemical Constants"(物理和化学常数表)Kaye 和 Laby 编(1966)。

12. "Handbook of Chemical Data"(化学数据手册)F. W. Atack 编(1957)。这是一本袖珍手册,内容简明,介绍了无机和有机化合物的一些主要物理常数以及定性和定量分析部分,可供一般查阅。

13.《物理化学简明手册》印永嘉主编,高等教育出版社(1988)。该手册汇集了气体和液体性质、热效应和化学平衡、溶液和相平衡、电化学、化学动力学、物质的界面性质、原子和分子的性质、分子光谱、晶体学等九部分,简明实用。

二、专用手册

(一)热力学及热化学

1. "Selected Values of Chemical Thermodynamic Properties"(化学热力学性质的数据选编),D. D. Wagman 等编(1981)。

2. "Handbook of the Thermodynamics of Organic Compounds"(有机化合物热力学手册),R. M. Stephenson 编(1987)。

3. "Thermochemical Data of Pure Substances"(纯物质的热化学数据),Ihsan Barin 编(1989)。

4. "Thermodynamic Data for Pure Compounds"(纯化合物热力学数据),Smith Buford 等编(1986)。

5. "Selected Values for the Thermodynamc Properties of Metals and Alloys"(金属和合金热力学性质的数据选编),Ralph Hultgren 等编(1963)。

6. "The Chemical Thermodynamics of Organic Compounds"(有机化合物的化学热力学),D. R. Stull 等编(1970)。

7. "Thermochemistry of Organic and Organometallic Compounds"(有机和有机金属化合物的热化学),J. D. Cox 和 G. Pilcher 编(1970)。

(二)平衡常数

1. "Dissociation Constants of Organic Acids in Aqueous Solution"(水溶液中有机酸的解离常数),G. Kortiuem 等编(1961)。

2. "Dissociation Constants of Organic Bases in Aqueous Solution"(水溶液中有机碱的解离常数),D. D. Perrin 等编(1965)。

3. "Stability Constants of Metal-Ion Complex"(金属络合物的稳定常数)(1964),该手册分为两部分:

第一部分:无机配位体,由 L. G. Sillen 编。

第二部分:有机配位体,由 A. E. Martell 编。

4. "Instability Constants of Complex Compounds"(络合物不稳定常数),Yatsimirskii 编

(1960)。

5. "Ionization Constants of Acids and Bases"（酸和碱的解离常数），A. Albert 编（1962）。

（三）溶液、溶解度数据

1. "Solubility Data Series"（溶解度数据丛书），A. S. Kerters 主编，IUPAC 数据出版系列中的一套丛书，包括各种气体、液体、固体在各种溶液中的溶解度，篇幅大，数据可靠，至 1990 年已出版 42 卷。

2. "Physicochemical Constants of Binary System in Concentrated Solutions"（浓溶液中二元体系的物理化学常数），共四卷，J. Timmermans 编（1959—1960）。

3. "Solubilities of Inorganic and Metalorganic Compounds"（无机和金属有机化合物的溶解度）第四版；W. F. Links 编。

4. "Solubilities of Inorganic and Organic Compounds"（无机和有机化合物的溶解度），H. Stephen 等编。

卷 I：Binary system（二元体系），1963 年。

卷 II：Ternary and Multicomponent Systems（三元和多组分体系），1964 年。

[5] "Solvents Guide"（溶剂手册），第二版，C. Marsden 编。

（四）气压、气-液平衡

1. "Vapor Pressure of Organic Compounds"（有机化合物蒸气压），J. Earl Jordan 编（1954）。

2. "Vapor-Liquid Equilibrium Data"（气-液平衡数据），Ju Chin Chu 编（1956）。

3. "Azeotropic Data（恒沸数据），Lee H. Horsely 编（1962）。

4. "The Vapor Pressure of Pure Substances"（纯物质的蒸气压），Boublik Tomas 编（1984）。

5. "Vapor-Liquid Equilibrium Data Collection（气-液平衡数据汇编），J. Gmehling 等编（1977），为 Chemistry Data Series（化学数据丛书）的第一卷。

（五）二元合金

1. "Constitution of Binary Alloys"（二元合金组成），第二版，ax Hansen 等编（1958）

2. "Binary Alloy Phase Diagrams"（二组分合金相图），T. B. Mascalski 等编（1987）

（六）电化学

1. "Electrochemical Data"（电化学数据），D. Dobes 编（1975），另外，Meites Louis 等人；于 1974 年出版了 Electrochemical Data。

2. "Handbook of Electrochemical Constants"（电化学常数手册），Pago 等编（1959）。

3. "Selected Constants of Oxidation-Reduction Potentials of Inorganic Substances in Aqueous Solutions"（水溶液中无机物的氧化还原电势常数选编），G. Charlot 编（1971）。

（七）化学动力学

1. "Tables of Chemical Kinetics, Homogenous Reactions"（化学动力学表，均相反应）（1951）。续编 No. I，1956 年；续编 No. II，1960 年；续编 No. III，1961 年。

2. "Liquid-Phase Reaction Rate Constants"（液相反应速率常数），E. T. Denisov 编（俄，1971），R. K. Johnston 译（英，1974）。

（八）色谱数据

1. "气相色谱手册"，中国科学院化学研究所色谱组编（1977），该书附有有关色谱的参考资料。

2."Compilations of Gas Chromatographic Data(气相色谱数据汇集),J. S. Leis 编(1963)1971 年Ⅱ版补编Ⅰ。

3."气相色谱实用手册",吉林化学工业公司研究院编(1980)。

4."分析化学手册"第四分册之上册,成都科学技术大学分化学教研室编(1984)。

（九）谱学数据

1."Crystal Data(晶体数据),第三版,G. Donmay 等编。

2."International Tables for x-Ray Crystallography"（X 射线结晶学国际表）,K. Lonsdale 编。

3. X 射线粉末衍射数据卡片。简称 P. D. F. 卡(即原 ASTM 卡片)。

4."Sadtler Standard Spectra Collections"（萨德勒标准谱图集），这是由美国 Sadtler Research Laboratories,Inc. 编纂出版的标准光谱图集,内容包括红外光谱、紫外光谱、核磁共振波谱、拉曼光谱等,该标准谱图集体积庞大,但采用活页本形式装订,时有补充或更新,备有多种索引,查阅十分方便。

5."Practical Handbook of Spectroscopy"(实用谱学手册),J. W. Robinson 编(1991)。

6."A Handbook of Nuclear Magnetic Magnetic Resonance"（核磁共振手册）,Freeman Ray 编(1987)。

7."Raman/Infrared Atlas of Organic Compounds"（有机化合物的拉曼,红外谱集）,Bernhard Schrader 编(1989)。

8."Handbook of Infrared Standards(红外手册),由 Guy Guelachvili,K. N. Rao 编(1986)。

（十）偶极矩

1."Tables of Experimental Dipole Moments"（实验偶极矩表）,A. L McClellan 编(1963)。

2."Selected Values of Electric Dipole Moments for Molecules in the Gas Phase"（气相中分子电偶极矩数据选编）,美国国家标准局编,1967 年出版。

三、物理化学实验技术参考书

对于物理化学实验技术,除期刊类外,可分为综合各种物理化学实验技术的大型丛书,专门技术书以及实验教材(前面已作介绍)等。下面介绍 Arnold eissberger 所编的几部丛书的章目内容。

1. Arnold eissberger 编,"Technique of Organic Chemistry"（有机化学技术）

该书共十四卷。Physical Methods of Organic Chemistry(卷 1:有机化学的物理方法,第三版)共分四部分,涉及许多基础物理化学实验内容:第Ⅰ部分包括自动控制,自动记录,称量,密度的测定,颗粒大小和分子量的测定,温度测量,熔融和凝固温度的测定,沸点和冷凝温度的测定,蒸气压的测定,量热学,溶解度的测定,黏度的测定,表面和界面张力的测定,渗透压的测定等。第Ⅱ部分有折射法,结晶化学分析,电子显微镜,X 射线晶体学,气体电子衍射,中子衍射等。第Ⅲ部分有可见光和紫外光谱及可见紫外分光光度计,红外光谱,光散射,旋光测定,偶极矩的测定等。第Ⅳ部分有微波谱,核磁共振,顺磁共振吸收,磁化率的测定;电位法,电导法,迁移数的测定,电泳,极谱,质谱等。

其余各卷为催化,光化和电解反应;分离和纯化,实验工程学;精馏;吸附和色谱;微量和半微量方法;有机溶剂;反应速率和反应机理的研究;光谱的化学应用;色谱基础;用物理和化学方法定结构;薄层色谱;气体色谱;能量传递和有机光化学。

2."Hans B. Jonassen 和 Arnold eissberger 编,"Technique of Inorganic Chemistry"(无机化学技术)此书至 1969 年为止,共出版七卷。其内容是:

卷Ⅰ:络合物形成常数的测定,非水溶剂技术,熔盐技术,化学合成中电荷的利用,差热分析;

卷Ⅱ:核化学;

卷Ⅲ:气体色谱,电子显微镜,处理高活性 β-、和 γ-发射材料的技术,手套箱技术;卷Ⅳ:离子交换技术,熔盐中氧化物单晶的生长,高温技术,磁化学,旋光色散和圆二色性技术;

卷Ⅴ:聚焦炉技术;

卷Ⅵ:高压技术,蒸气压测定;

卷Ⅶ:晶体生长技术、摩斯色尔谱,在惰性气体中进行制备的最有利的方法,电子顺磁共振,挥发性氟化物和其他腐蚀性化合物的操作。

3. Arnold eissberger 和 Bryant W. Rossister 编,"Techniques of Chemistry"(化学操作技术)

此书 1971 年开始出版,没有采用以前"有机"和"无机"两部的形式,目前尚在继续出版中,到 1990 年,已出第 21 卷。卷Ⅰ为"Physical Methods of Chemistry"(化学中的物理方法),共分为五个部分:科学仪器的组件、自动记录和自动控制,化学研究中的计算机;电化学方法;光学、光谱和放射性方法;质量、传递和电磁性质的测定;热力学和表面性质的测定。

其余各卷依次为:有机溶剂;光致变色现象;用物理和化学方法测定有机结构;有机合成技术;化学反应速率和机理的研究;膜分离技术;溶液和溶解度;非常条件下的化学实验方法;生化系统在有机化学中的应用;近代液相分析;分离与纯化;实验室工程和操作;薄层分析;顺磁共振理论及其应用;离心分离;激光在化学中的应用;微波分子光谱;有机化合物的溶解特性。

四、字典与辞典

1.《英汉科技文献缩略语词典》,王津生、王知津编,1986 年版。

2.《中国大百科全书化学卷》分两册,1989 年由中国大百科全书出版社出版。

3. McGra-Hill Dictionary of Chemical Terms(McGra-Hill 化学术语词典),S. P. Parker 主编,1984 年出版。

4. The Condensed Chemical Dictionary(简明化学词典),1981 年出第十版,所收条目除化工产品的名称、商品名、性质、规格、应用外,还包括基础理论、定律、人名等。

5.《汉译海氏有机化合物辞典》,译自 I. M. Heilbron 的 Dictionary of Organic Compounds,1953 年第 3 版。中译文仍按英文俗名的字母顺序排列。原文于 1982 年出第 5 版,由 J. Buckingham 主编,新版包括正文 5 卷及索引 2 卷,以后每年续出补编 1 卷。第 5 版增加了化合物的光谱数据,毒害和危险性资料,但有些物理常数仍需查阅前版。

参考文献

[1] 胡英,黑恩成,彭昌军,等. 物理化学:上册[M]. 6 版. 北京:高等教育出版社,2014.

[2] 胡英,黑恩成,彭昌军,等. 物理化学:下册[M]. 6 版. 北京:高等教育出版社,2014.

[3] 印永嘉,奚正楷,张树永,等. 物理化学简明教程[M]. 4 版. 北京:高等教育出版社,2007.

[4] 王新平,王旭珍,王新葵. 基础物理化学[M]. 2 版. 北京:高等教育出版社,2016.

[5] 韩德刚,高执棣,高盘良. 物理化学[M]. 2 版. 北京:高等教育出版社,2009.

[6] 傅献彩,沈文霞,姚天扬,等. 物理化学:上册[M]. 5 版. 北京:高等教育出版社,2005.

[7] 刘冠昆,车冠全,陈六平,等. 物理化学[M]. 广州:中山大学出版社,2000.

[8] 朱文涛. 物理化学:上册[M]. 北京:清华大学出版社,1995.

[9] 邓景发,范康年. 物理化学[M]. 北京:高等教育出版社,1993.

[10] ATKINS P W. Physical Chemistry. [M]. 5th ed. Oxford:Oxford University Press,1994.

[11] LEVINE I N. Physical Chemistry. [M]. 4th ed. New York:McGraw-Hill,1995.

[12] BARROW G M. Physical Chemistry. [M]. 6th ed. New York:McGraw-Hill,1996.

[13] 张洪林,杜敏,魏西莲,等. 物理化学实验[M]. 3 版. 青岛:中国海洋大学出版社,2018.

[14] 陈伟,梁敏,肖英慧. 物理化学实验[M]. 北京:化学工业出版社,2017.

[15] 唐林,刘红天,温会玲. 物理化学实验[M]. 2 版. 北京:化学工业出版社,2016.

[16] 高静,马丽英. 物理化学实验指导[M]. 北京:中国医药科技出版社,2016.

[17] 金丽萍,邬时清. 物理化学实验[M]. 上海:华东理工大学出版社,2016.

[18] 北京大学化学学院物理化学实验教学组. 物理化学实验[M]. 4 版. 北京:北京大学出版社,2002.

[19] 南开大学化学系物理化学教研室. 物理化学实验[M]. 天津:南开大学出版社,1991.

[20] 古凤才,肖衍繁. 基础化学实验教程[M]. 北京:科学出版社,2000.

[21] 清华大学化学系物理化学实验编写组. 物理化学实验[M]. 北京:清华大学出版社,1991.

[22] M. I. 波普,M. D. 尤德. 差热分析:DTA 技术及其应用指导[M]. 王世华,杨红征,译. 北

京:北京师范大学出版社,1982.

[23] 顾菡珍,叶于浦. 相平衡和相图基础[M]. 北京：北京大学出版社,1991.

[24] 复旦大学,等. 物理化学实验[M].北京：高等教育出版社,1980.

[25] 孙尔康,徐维清,邱金恒. 物理化学实验[M]. 南京：南京大学出版社,1998.

[26] 武汉大学化学与环境科学学院. 物理化学实验[M]. 武汉：武汉大学出版社,2000.

[27] J. W. 穆尔,R. G. 皮尔逊. 化学动力学和历程：均相化学反应的研究[M]. 孙承谔,王之朴,等译. 2 版. 北京：科学出版社,1987.

[28] 王琪. 化学动力学导论[M]. 长春：吉林人民出版社,1982.

[29] 吴树森,章燕豪. 界面化学:原理与应用[M]. 上海：华东化工学院出版社,1989.

[30] A. W. 亚当森. 表面的物理化学[M]. 顾惕人,译. 北京：科学出版社,1984.

[31] 冯仰婕,邹文樵. 应用物理化学实验[M]. 北京：高等教育出版社,1990.

[32] 苏尔皇. 液体的粘度计算和测量[M]. 北京：国防工业出版社,1986.

[33] 吴浩青,李永舫. 电化学动力学[M]. 北京：高等教育出版社,1998.

[34] 张祖训,汪尔康. 电化学原理和方法[M]. 北京：科学出版社,2000.

[35] 刘永辉. 电化学测试技术[M]. 北京：北京航空学院出版社,1987.

[36] 戴乐山,凌善康. 温度计量[M]. 北京：中国标准出版社,1984.

[37] 华中一. 真空实验技术[M]. 上海：上海科学技术出版社,1986.

[38] 复旦大学,等. 物理化学实验[M].蔡显鄂,项一非,刘衍光,修订. 2 版. 北京：高等教育出版社,1993.

[39] 周伟舫. 电化学测量[M]. 上海：上海科学技术出版社,1985.

[40] 何国伟. 误差分析方法[M]. 北京：国防工业出版社,1978.

[41] 吕屏,左禹,等. Excel 2000 中文版实例与疑难解答[M]. 北京：电子工业出版社,2000.

[42] 木林森,高峰霞. Excel 2000 中文版使用与技巧[M]. 北京：清华大学出版社,1999.

[43] 李慎安,李寿星. 计量单位实用指南[M]. 北京：中国计量出版社,1997.